U0036977

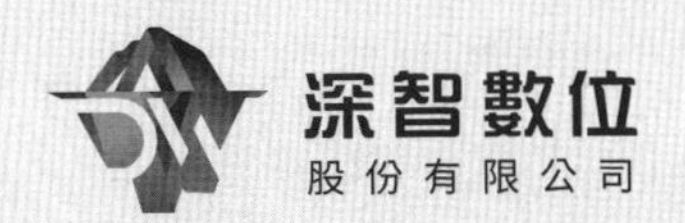
深智數位
股份有限公司

深智數位
股份有限公司

前言

FOREWORD

如今，科學技術與資訊技術的快速發展以及社會生產力的變革對 IT 行業從業者提出了新的需求，從業者不僅要具備專業技術能力，更要具備業務實踐能力和健全的職業素質，複合型技術技能人才更受企業青睞。大專院校畢業生求職面臨的第一道門檻就是技能與經驗，教科書也應緊隨新一代資訊技術和新職業要求的變化即時更新。

本書宣導快樂學習、實戰就業，在語言描述上力求準確、通俗易懂。本書針對重要基礎知識精心挑選案例，將理論與技能深度融合，促進隱性知識與顯性知識的轉化。案例講解壓縮含設計想法、執行效果、實現想法、程式實現、技能技巧詳解等。本書引入企業專案案例，從動手實踐的角度，幫助讀者逐步掌握前端技術，為高品質就業賦能。

在章節編排上循序漸進，在語法闡述中儘量避免使用生硬的術語和枯燥的公式，從專案開發的實際需求入手，將理論知識與實際應用相結合，促進學習和成長，快速累積專案開發經驗，從而在職場中擁有較高起點。

本書特點

本書主要講解 Node.js 在 Web 全端開發領域的應用實踐方法，分別從 Node.js 基礎語法、模組化、伺服器架設、Express 框架等方面由淺入深地進行講解。在企業級應用程式開發方面也有著重地講解，例如 MongoDB 資料庫的操作、Ajax 非同步請求與相同來源策略、Node.js 階段追蹤技術的應用、Node.js 爬蟲程式的實現等。

閱讀本書您將學習到以下內容。

第 1 章：Node.js 簡介、執行環境架設，以及 NPM 相依管理工具。

第 2 章：用 Node.js 快速上手撰寫第一個程式，模組化開發。

第 3 章：掌握非同步 I/O 的概念，了解 Node.js 的非同步 I/O 中的事件迴圈、觀察者模式、請求物件、執行回呼，以及非 I/O 的非同步 API。

第 4 章：了解 Node.js 中處理串流資料的抽象介面，操作檔案的方法。

第 5 章：掌握 Node.js Web 伺服器開發的基本方法。

第 6 章：了解 Express 框架的安裝與設定方法，中介軟體和 MVC。

第 7 章：了解網站中的靜態資源並學習架設靜態資源伺服器。

第 8 章：了解 Handlebars 範本引擎及其使用方法。

第 9 章：了解 MongoDB 資料庫的基本概念、環境架設方法及 mongoose 模組。

第 10 章：掌握 Ajax 的工作原理、實現步驟，以及瀏覽器相同來源策略。

第 11 章：了解階段追蹤的概念並嘗試追蹤 Express 中的階段。

第 12 章：透過 Node.js 實現網路爬蟲。

第 13 章：建構 TCP 服務、UDP 服務、HTTP 服務、WebSocket 服務。

第 14 章：綜合本書知識進行專案實戰——Express 開發投票管理系統。

透過學習本書，讀者可以較為系統地掌握 Node.js 在 Web 全端開發的主要知識、操作方法並進行實踐。本書從基礎入門到專案實戰，逐步揭開 Node.js 的神秘面紗，讓讀者更進一步地理解和學習 Node.js，並能夠使用 Node.js 開發出優秀的 Web 應用。

致謝

本書的撰寫和整理工作由北京千鋒互聯科技有限公司高教產品部完成，其中主要的參與人員有呂春林、徐子惠、潘亞等。除此之外，千鋒教育的 500 多名學員參與了教材的試讀工作，他們站在初學者的角度對教材提出了許多寶貴的修改意見，在此一併表示衷心的感謝。

意見回饋

在本書的撰寫過程中，作者雖然力求完美，但難免有一些疏漏與不足之處，歡迎各界專家和讀者朋友們提出寶貴意見，聯繫方式：textbook@1000phone.com。

目錄

CONTENTS

第 1 章 初識 Node.js

第 2 章 Node.js 程式設計基礎

第 3 章 非同步 I/O

第 4 章 Stream

第 5 章 Node.js Web 伺服器開發

第 6 章 Express 框架

第 7 章 靜態資源

第 8 章 Handlebars

第 9 章 MongoDB 資料庫

第 10 章 Ajax 非同步請求

第 11 章 階段追蹤

第 12 章 Node.js 實現網路爬蟲

第 13 章 網路程式開發

第 14 章 專案實戰：Express 開發投票管理系統

第 1 章 初識 Node.js

1.1 Node.js 簡介

Node.js 是目前使用最多的 Web 伺服器端開發技術之一，自從 2009 年誕生以來，雖然在市場佔有率上不及 Python、PHP 等程式語言，但是它確實是有史以來發展最快的開發工具。在短短幾年時間裡，Node.js 在 Web 開發領域高速發展。從本章開始，將逐步揭開 Node.js 的神秘面紗。

1.1.1 Node.js 的發展歷程

Node.js 的發展歷程如下。

2009 年 3 月，Ryan Dahl 宣佈準備用 V8 建立輕量級 Web 伺服器。

2009 年 5 月，Ryan Dahl 在 GitHub 上發佈了最初版本。

2011 年 7 月，Node 在微軟的支持下發佈了其 Windows 版本。

2011 年 11 月，Node 超越 Ruby on Rails，成為 GitHub 上關注度最高的專案。

2012 年，Node.js V0.8.0（穩定版本）發佈。

2015 年，成立 Node.js 基金會，Apigee，RisingStack 和 Yahoo 加入 Node.js 基金會。

2016 年，Node.js V7.0 支援了 99% 的 ES6 特性。

1.1.2 Node.js 的特點

1. 非同步 I/O

I/O（Input/Output，輸入 / 輸出）通常指內部和外部存放裝置的資料讀取或其他裝置之間的輸入 / 輸出，舉例來說，資料庫、快取、磁碟等的操作。簡單來說，Node 中的非同步 I/O 就是以並行的方式讀取資料，透過事件迴圈和回呼的方式處理 I/O，從而不阻塞程式流程。

2. 事件與回呼函式

使用 Node.js 開發的應用程式都是單執行緒的，可以使用事件和回呼函式來實現並行的效果，正因為這樣，Node.js 的性能是非常高的。而且 Node.js 的所有 API 幾乎都是非同步處理，並作為一個獨立的執行緒執行，然後使用非同步函式呼叫，處理並行。Node.js 使用觀察者模式來實現所有的事件機制，這就類似於進入了一個無限的事件迴圈，直到沒有事件觀察者退出，每個非同步事件都生成一個事件觀察者，如果有事件發生就呼叫該回呼函式。

能夠直接表現 Node.js 非同步程式設計的操作就是回呼函式，非同步程式設計依靠回呼函式來實現。在 Node.js 中使用了大量的回呼函式，幾乎所有的 API 都支持回呼函式。舉例來說，使用 fs 模組讀取檔案，可以一邊執行其他的程式，一邊讀取檔案，當檔案讀取完成後，將檔案內容作為回呼函式的參數傳回，這樣在執行程式時就沒有阻塞或等待檔案 I/O 操作了。這種操作可以大大提高 Node.js 的性能，並處理大量的並行請求。

3. 單執行緒

Node.js 保持了 JavaScript 在瀏覽器中單執行緒的特點。JavaScript 執行執行緒是單執行緒，把需要做的 I/O 交給 Libuv，然後再去執行其他命令，而 Libuv 在指定的時間內執行回呼就可以了，這就是 Node.js 的單執行緒原理。

使用單執行緒最大的好處就是沒有多執行緒的鎖死問題，也沒有執行緒上下文通訊所帶來的性能消耗。但是單執行緒也有其自身的弱點，舉例來說，無法利用多核心 CPU，錯誤會引起整個應用退出，大量計算佔用 CPU 導致無法繼續呼叫非同步 I/O 等。

4. 跨平台

早期的 Node.js 版本只能執行在 Linux 平台上，也可以使用 Cygwin 或 MinGW 等讓 Node.js 執行在 Windows 平台上。隨著 Node.js 版本的更新，在 V0.60 版本發佈時，Node.js 實現了基於 Libuv 的跨平台性能，能夠在 Windows 平台上執行了。

Node.js 的結構大致分為三個層次，在最底層的 Libuv 為 Node.js 提供了跨平台、執行緒池、事件池、非同步 I/O 等能力，是 Node.js 實現跨作業系統的核心所在。Node.js 結構如圖 1.1 所示。

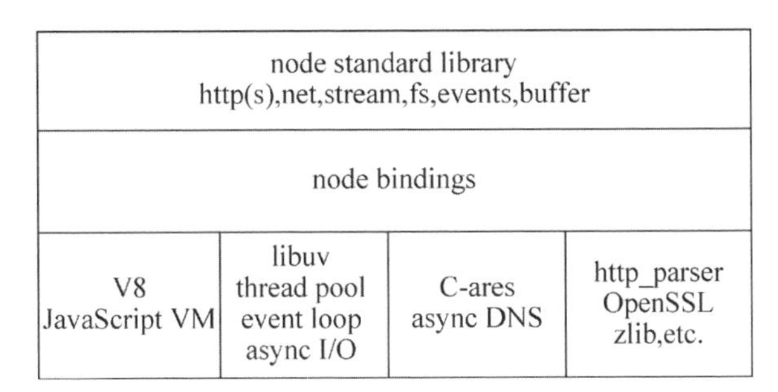

▲ 圖 1.1 Node 結構示意圖

1.1.3 為什麼要使用 Node.js

Node.js 從誕生之初到現在，在短短幾年時間裡就變得非常熱門，使用者也非常多。那為什麼有那麼多的開發者選擇了 Node 呢？使用 Node.js 主要考慮的因素有以下幾個方面。

（1）Node.js 使用 JavaScript 腳本語言作為主要的開發語言，這就將前端開發者的能力延伸到了伺服器端，使前後端程式語言獲得了統一，減少了前端開發者的學習成本。

（2）Node.js 的高性能 I/O 可以為即時應用提供高效的服務，舉例來說，即時語音、透過 Socket.io 實現即時通知等功能。

（3）平行 I/O 還可以更高效率地利用分散式環境，阿里巴巴的 NodeFox 就是借助 Node 平行 I/O 的能力，更高效率地使用已有的資料。同時，平行 I/O 還可以有效利用穩定介面提升 Web 繪製能力，加速資料的獲取進而提升 Web 的繪製速度。

（4）遊戲領域對即時和並行有很高的要求，Node.js 優秀的高並行性能可以應用在遊戲和高即時應用中。

（5）前端工程師可以使用 Node 重寫前端工具類的應用，減少了開發成本和學習成本。

（6）雲端運算平台利用 JavaScript 帶來的開發優勢，以及資源佔用少、性能高等特點，在雲端伺服器上提供了 Node 應用託管服務。

1.2 Node.js 執行環境安裝

本節介紹如何在不同的作業系統上安裝 Node 的方法。

1.2.1 在 Windows 上安裝 Node

由於 Node 發佈了許多版本，本書主要以 Node 12.13.1 版本為例進行講解。

首先，開啟 Node.js 中文官網（https://nodejs.org/zh-cn/），在下載介面中找到對應系統的下載連結，效果如圖 1.2 所示。

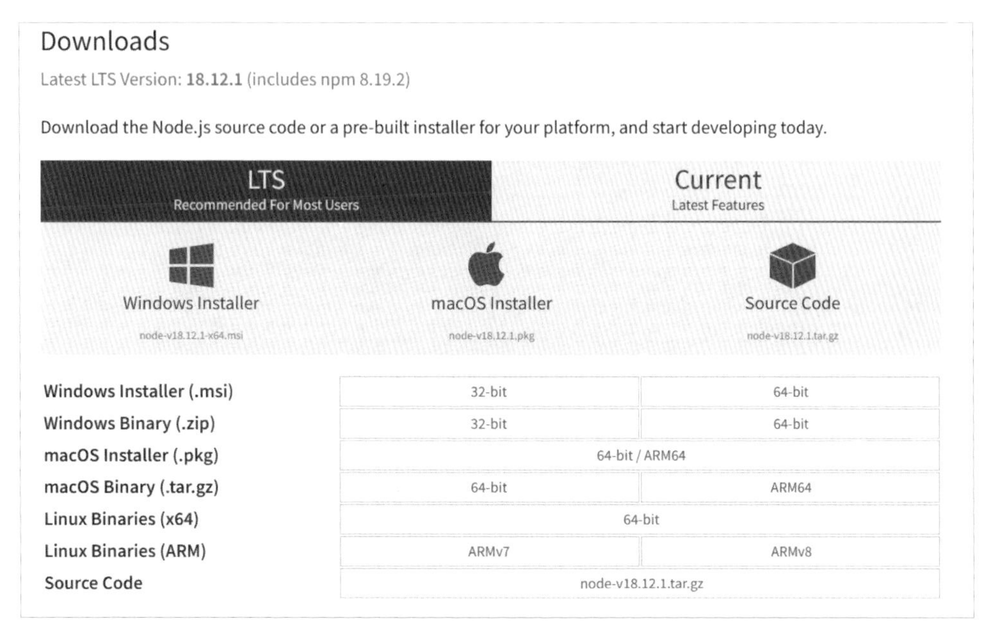

▲ 圖 1.2 Node 下載

可以選擇 .msi 或 .zip 兩種格式的檔案進行下載。以 .msi 檔案的下載安裝為例，效果如圖 1.3 所示。

▲ 圖 1.3 Node 安裝檔案下載

選擇對應的版本下載，下載完成後按兩下安裝檔案，進入 Node 安裝步驟。效果如圖 1.4 所示。

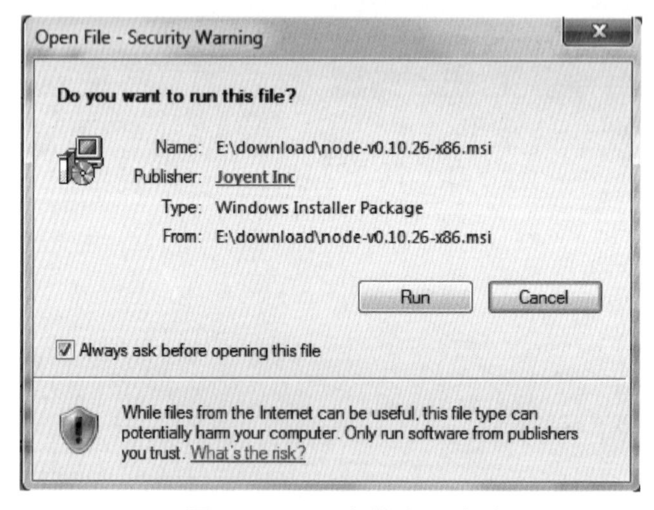

▲ 圖 1.4 Node 安裝介面（1）

點擊圖 1.4 中的 Run（執行）按鈕，出現如圖 1.5 所示的介面。

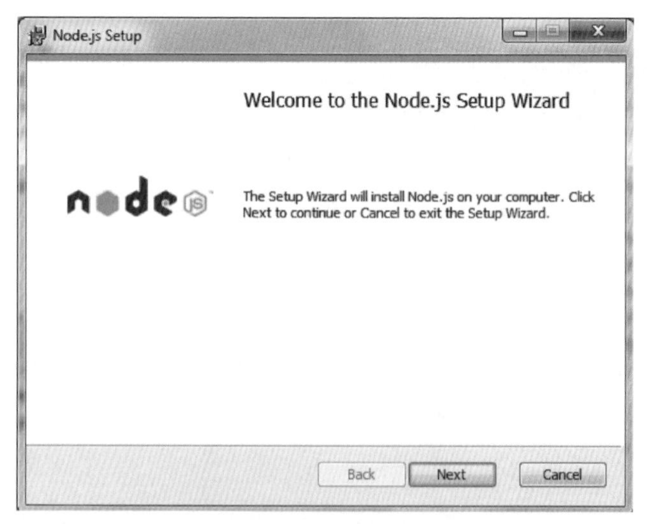

▲ 圖 1.5 Node 安裝介面（2）

點擊 Next（下一步）按鈕，進入相關協定介面，效果如圖 1.6 所示。選取接受協定核取方塊，點擊 Next（下一步）按鈕。

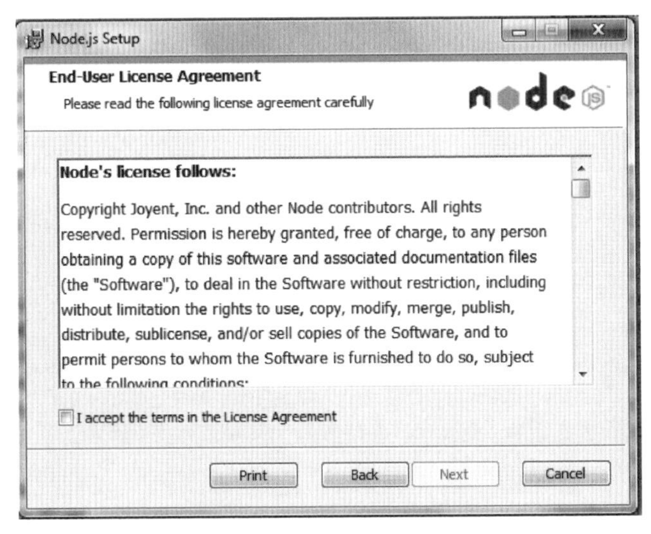

▲ 圖 1.6 選取接受協定

Node.js 預設安裝目錄為 C:\Program Files\nodejs\, 可以修改目錄，效果如圖 1.7 所示，並點擊 Next（下一步）按鈕。

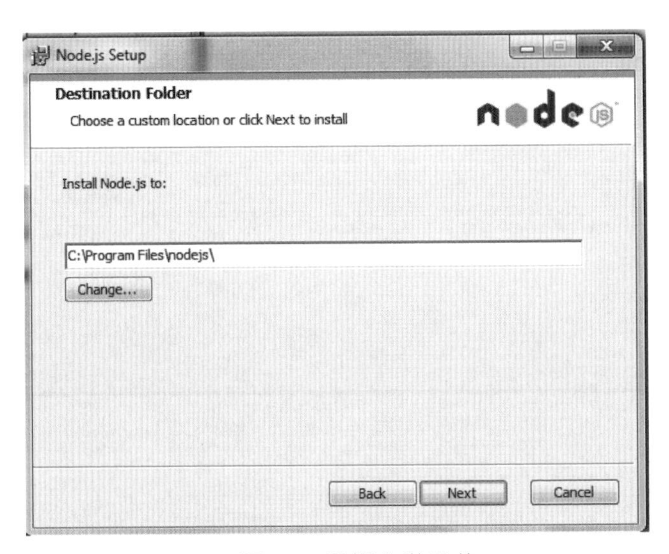

▲ 圖 1.7 選擇安裝目錄

點擊樹狀圖標來選擇需要的安裝模式，效果如圖 1.8 所示，然後點擊 Next（下一步）按鈕。

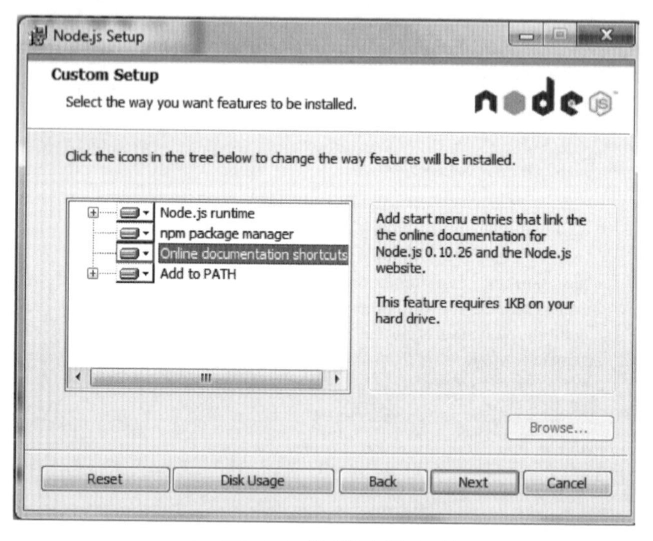

▲ 圖 1.8 選擇安裝目錄

點擊 Install（安裝）按鈕開始安裝 Node.js。也可以點擊 Back（傳回）按鈕來修改先前的設定，效果如圖 1.9 所示，然後點擊 Next（下一步）按鈕。

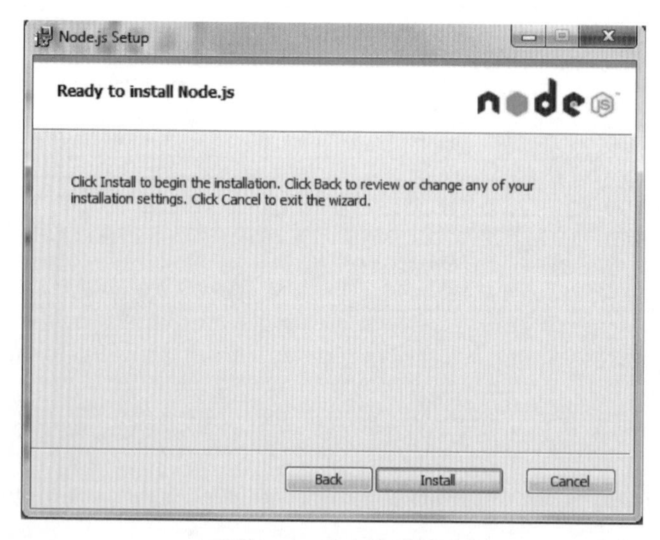

▲ 圖 1.9 確定安裝介面

安裝進度指示器完成後，效果如圖 1.10 所示，點擊 Finish（完成）按鈕退出安裝精靈。

▲ 圖 1.10 安裝完成介面

Node.js 安裝完成後，會自動設定環境變數。測試 Node.js 是否安裝成功，按快速鍵 Win+R 啟動“執行”對話方塊，在“執行”對話方塊中輸入“cmd”，確認，效果如圖 1.11 所示。

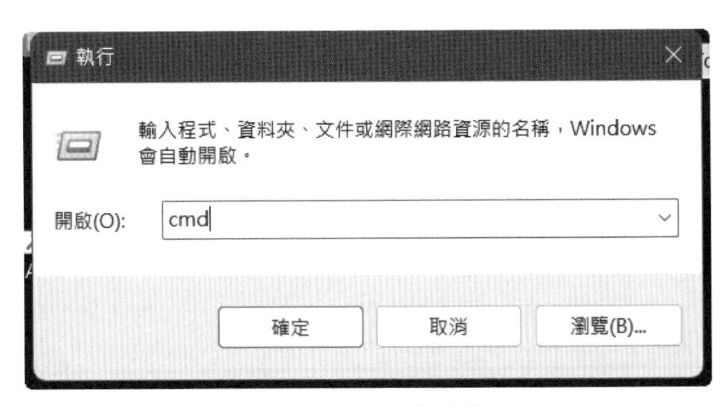

▲ 圖 1.11 “執行”對話方塊

彈出命令提示視窗，在視窗中輸入“node-v”命令，查看當前安裝的 Node.js 的版本編號。效果如圖 1.12 所示。

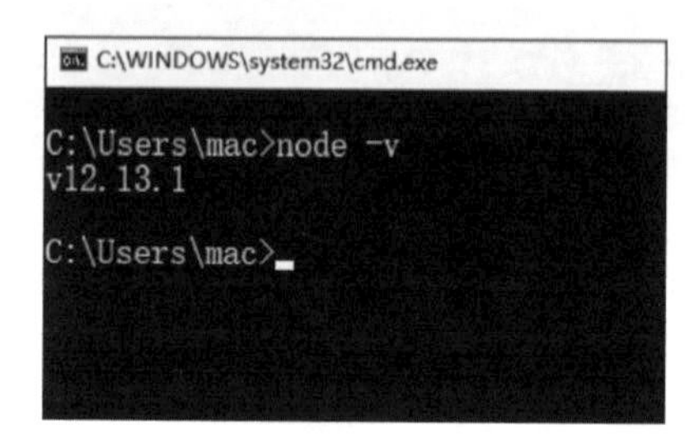

▲ 圖 1.12 查看 Node.js 的版本編號

如果執行結果中出現了版本編號，説明 Node.js 安裝成功了。

1.2.2 在 Linux 上安裝 Node

CentOS 下原始程式安裝 Node.js 需要從官網下載最新的 Node.js 版本，本節以 v0.10.24 為例。執行以下命令。

```
cd /usr/local/src/
wget http://nodejs.org/dist/v0.10.24/node-v0.10.24.tar.gz
```

解壓原始程式，執行以下命令。

```
tar zxvf node-v0.10.24.tar.gz
```

編譯安裝，執行以下命令。

```
cd node-v0.10.24
./configure --prefix=/usr/local/node/0.10.24
make
make install
```

設定 NODE_HOME，進入 profile 編輯環境變數，執行以下命令。

```
vim /etc/profile
```

設定 nodejs 環境變數，在 export PATH USER LOGNAME MAIL HOSTNAME HISTSIZE HISTCONTROL 一行的上面增加以下內容。

```
#set for nodejs
export NODE_HOME=/usr/local/node/0.10.24
export PATH = $ NODE_HOME/bin: $ PATH
```

:wq 儲存並退出，編譯 /etc/profile 使設定生效，執行以下命令。

```
source /etc/profile
```

驗證是否安裝成功，執行以下命令。

```
node -v
```

1.2.3 在 macOS 上安裝 Node

在 macOS 系統上安裝 Node.js，需要在官網下載 pkg 安裝套件，直接點擊安裝即可。也可以使用 brew 命令來安裝，執行以下命令。

```
brew install node
```

1.3 NPM 相依管理工具

1.3.1 NPM 簡介

NPM 的全稱是 Node Package Manager，是隨著 Node.js 一起安裝的套件管理工具，是 Node.js 套件的標準發佈平台，用於 Node.js 套件的發佈、傳播、相依控制等操作。NPM 提供了命令列工具，可以使用命令列工具方便地下載、安裝、升級、刪除套件，開發者也可以將自己開發的 Node.js 專案套件發佈至 NPM 伺服器。

NPM 能夠解決 Node.js 程式部署上的很多問題。

（1）允許使用者從NPM伺服器下載協力廠商相依套件到本機專案中使用。

（2）允許使用者從 NPM 伺服器下載安裝協力廠商命令列程式到本機專案中使用。

（3）允許使用者將自己撰寫的套件或命令列程式上傳到 NPM 伺服器供別人使用。

1.3.2 NPM 的使用

1. npm init

npm init 是用來生成一個新的 package.json 檔案的，當執行 npm init 後，命令列介面會出現一系列的詢問提示，按確認鍵進行下一步。也可以使用 -y（表示 yes）、-f（表示 force）跳過詢問的環節，直接生成一個新的 package.json 檔案。執行以下命令。

```
$ npm init -y
```

2. npm set

npm set 命令是用來設定環境變數的，一般用來設定 npm init 命令的預設值，設定完成後，再執行 npm init 命令，就可以按照預設值自動寫入預設的值。設定的資訊會儲存在使用者主目錄的 ~/.npmrc 檔案中，這樣就可以保證以後每個專案都可以用來預設預設值。如果在以後的專案中設定不同的值，可以執行 npm config 命令來修改。預設預設值，執行以下命令。

```
$ npm set init-author-name 'Your name'
$ npm set init-author-email 'Your email'
$ npm set init-author-url 'http://yourdomain.com'
$ npm set init-license 'MIT'
```

3. npm info

npm info 命令用於查看所有模組的詳細資訊，舉例來說，查看 underscore 模組的資訊，執行以下命令。

```
$ npm info underscore
```

上面的命令執行成功後，會傳回一個 JS 物件，包含 underscore 模組的具體資訊。該物件的所有成員都可以直接從 info 命令查詢。執行以下命令。

```
$ npm info underscore description
$ npm info underscore homepage
$ npm info underscore version
```

4. npm search

npm search 命令用於搜索 npm 倉庫，可以使用字串或正規表示法實現搜索，執行以下命令。

```
$ npm search <搜索詞>
```

5. npm list

npm list 命令以屬性結構列出當前專案安裝的每個模組，以及每個模組所相依的模組，執行以下命令。

```
$ npm list

# 加上 global 參數，會列出全域安裝的模組
$ npm list -global

#npm list 命令也可以列出單一模組
$ npm list underscore
```

6. npm install

npm install 命令用於安裝套件或命令程式，語法格式如下。

```
npm [install/i] [package_name]
```

npm 預設會從 NPM 官方伺服器搜索、下載套件，然後將對應的套件安裝到 node_modules 目錄下。可以使用 -g 命令實現全域安裝，也可以使用 -S（生產環境）或 -D（開發環境）命令實現本機安裝。執行以下命令。

```
# 本機安裝
$ npm install <package name>
# 全域安裝
$ sudo npm install-global <package name>
$ sudo npm install-g <package name>
```

npm install 可以簡寫為 npm i。

7. npm run

npm 不僅可以用於模組管理，還可以用於執行腳本。在 package.json 檔案中有一個 scripts 屬性，該屬性的值是一個物件類型，可以指定腳本命令，讓 npm 直接呼叫。package.json 檔案程式如下。

```
{
  "name": "myproject",
  "devDependencies": {
    "jshint": "latest",
    "browserify": "latest",
    "mocha": "latest"
  },
  "scripts": {
    "lint": "jshint **.js",
    "test": "mocha test/"
  }
}
```

npm run 如果不加任何參數直接執行的話，會列出 package.json 中所有的可執行腳本命令。npm 內建了兩個命令簡寫，npm test 等於執行了 npm run test，npm start 等於執行了 npm run start。

第 2 章 Node.js 程式設計基礎

2.1 Node.js 快速入門

2.1.1 Node.js 基礎

Node.js 是一個事件驅動 I/O 伺服器端 JavaScript 環境，基於 Google 的 V8 引擎。簡單來說，Node.js 就是一個執行在伺服器端的 JavaScript。對前端工程師來說，用 Node.js 程式設計非常簡單，因為直接使用 JavaScript 的程式設計語法就可以開發 Node 應用。下面來撰寫一個“Hello World”程式。

首先找到一個本機目錄，舉例來說，在 D 磁碟的根目錄建立一個 helloworld.js 檔案。使用文字編輯器，在 helloworld.js 檔案中輸入以下程式。

```
console.log('Hello World');
```

將檔案儲存後，開啟終端，切換到 D 磁碟的根目錄，執行以下程式。

```
node helloworld.js
```

執行成功後，可以在終端看到輸出的 hello world，效果如圖 2.1 所示。

```
D:\>node helloworld.js
hello world

D:\>
```

▲ 圖 2.1 終端執行結果

除了上面範例中的 node 命令，Node.js 還有其他的命令，可以輸入 node--help 查看詳細的說明資訊。效果如圖 2.2 所示。

```
D:\>node --help
Usage: node [options] [ -e script | script.js ] [arguments]
       node debug script.js [arguments]

Options:
  -v, --version         print node's version
  -e, --eval script     evaluate script
  -p, --print           evaluate script and print result
  -i, --interactive     always enter the REPL even if stdin
                        does not appear to be a terminal
  --no-deprecation      silence deprecation warnings
  --trace-deprecation   show stack traces on deprecations
  --v8-options          print v8 command line options
  --max-stack-size=val set max v8 stack size (bytes)

Environment variables:
NODE_PATH               ';'-separated list of directories
                        prefixed to the module search path.
NODE_MODULE_CONTEXTS    Set to 1 to load modules in their own
                        global contexts.
NODE_DISABLE_COLORS     Set to 1 to disable colors in the REPL

Documentation can be found at http://nodejs.org/

D:\>
```

▲ 圖 2.2 說明資訊

2.1.2 建立第一個 Node 應用

Node.js 的強大之處在於，使用 Node.js 不僅可以開發一個應用程式，還可以實現整個 HTTP 伺服器。

首先，在本機磁碟的目錄中建立一個 server.js 檔案，例如 C:\project\server.js。使用文字編輯器開啟 server.js 檔案，然後再用 require 引入 http 模組，範例程式如下。

```
var http = require('http');
```

呼叫 http.createServer() 方法建立伺服器物件，並使用 listen() 方法監聽指定的通訊埠，例如 3000 通訊埠。範例程式如下。

```
var http = require('http');
http.createServer().listen(3000);
```

createServer() 方法的參數是一個回呼函式，該回呼函式的參數為 request 和 response 物件，分別表示 HTTP 的請求物件和回應物件。範例程式如下。

```
var http = require('http');
http.createServer(function(request, response) {
    // 發送 HTTP 標頭 ，HTTP 狀態值 : 200 : OK，內容類型 : text/plain
    response.writeHead(200, {'Content-Type': 'text/plain'});
    // 發送回應資料 "Hello World"
    response.end('Hello World\n');
}).listen(3000,function(){
    // 伺服器啟動成功後，在終端列印以下資訊
    console.log('Server run success!');
});
```

完成以上程式的撰寫後，就可以啟動 HTTP 伺服器了。開啟終端，切換到 server.js 所在的目錄，執行以下命令。

```
node server.js
```

執行效果如圖 2.3 所示。

在終端輸出 Server run success 內容，表示伺服器啟動成功。接下來，開啟瀏覽器造訪 http://127.0.0.1:3000/，就會看到寫著 Hello World 內容的網頁。效果如圖 2.4 所示。

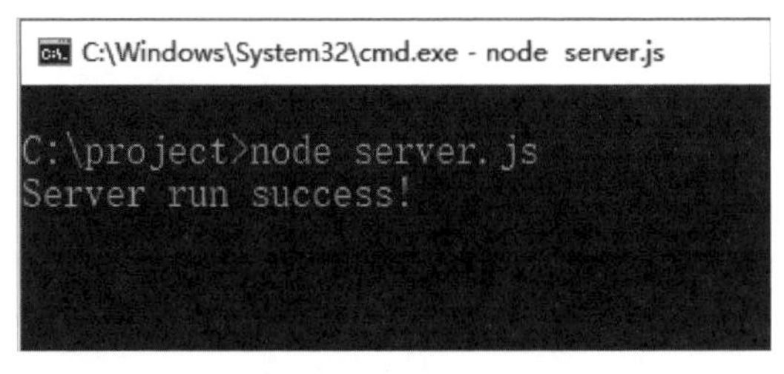

▲ 圖 2.3 啟動伺服器

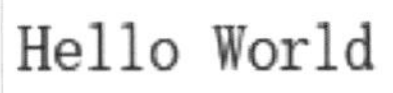

▲ 圖 2.4 瀏覽器存取效果

2.2 模組化開發

2.2.1 模組化的概念

在生活中也會經常見到模組化的存在。舉例來說，一台電腦，它就是由多個配件組合而成的。不同的廠商專注於研發特定的技術，生產不同的配件，然後再將這些具有不同功能的配件進行拼裝，就組裝成了一台電腦，如圖 2.5 所示。

▲ 圖 2.5 桌上型電腦配件

其實，模組化一詞早在研究工程設計的 Design Rules 一書中就已經被提出了。在後來的發展中，模組化原則還只是作為電腦科學的理論，尚未在專案實踐中得到應用。但是與此同時，硬體的模組化一直是工程技術的基石，舉例來說，標準螺紋、汽車元件、電腦硬體元件等。

軟體模組化的原則也是隨著軟體的複雜性誕生的。從開始的機器碼、副程式劃分、函式庫、框架，再到分佈在成千上萬的網際網路主機上的程式庫。模組化是解決軟體複雜性的重要方法之一。

模組化是以分治法為依據，但是否表示可以把軟體無限制地細分下去呢？事實上，當分割過細時，模組總數增多，每個模組的成本確實減少了，但模組介面所需代價隨之增加。要確保模組的合理分割則須了解資訊隱藏、內聚度及耦合度。

模組化是一個軟體系統的屬性，這個系統被分解為一組高內聚、低耦合的模組。這些模組拼湊下就能組合出各種功能的軟體，而拼湊是靈活的、自由的。經驗豐富的工程師負責模組介面的定義，經驗較少的則負責實現模組的開發。

一個功能就是一個模組，多個模組可以組成完整應用，抽離一個模組不會影響其他功能的執行。

2.2.2 CommonJS 規範

CommonJS 規範主要是用來彌補當前 JavaScript 沒有標準的缺陷，從而可以像 Java、Python 等程式語言一樣，具備開發大型應用的基礎能力，而非停留在腳本程式的階段。時至今日，CommonJS 中的大部分規範仍然只是草案，但是所帶來的成效是顯著的，為 JavaScript 開發大型應用程式提供了支援。

CommonJS 規範的定義非常簡單，主要分為模組引用、模組定義和模組標示三個部分。

1. 模組引用

範例程式如下。

```
var http = require('http');
```

在 CommonJS 規範中，使用 require() 方法接收模組標識，引入一個模組的 API 到當前上下文中。

2. 模組定義

在模組中，上下文提供 require() 方法來引入外部模組。對應引入的功能，上下文提供了 exports 物件用於匯出當前模組的方法或變數，並且它是唯一匯出的出口。在模組中還會有一個 module 物件，它代表模組自身，而 exports 是 module 的屬性。

3. 模組標識

簡單來說，模組標識就是傳遞給 require() 方法的參數，它必須是符合小駝峰命名的字串，或是以 “.” 或 “..” 開頭的相對路徑或絕對路徑。檔案名稱可以沒有 .js 副檔名。

模組的定義十分簡單，介面也十分簡潔。它的意義在於將類聚的方法和變數等限定在私有的作用域中，同時支援引入和匯出功能以順暢地連接上下游相依。CommonJS 建構的這套模組匯出和引入機制使得使用者完全不必考慮變數污染等問題。

2.2.3 Node.js 中的模組化

在 Node.js 中的模組主要分為核心模組和檔案模組。

核心模組包括 http、fs、path、url、net、os、readline 等。核心模組在 Node.js 自身原始程式編譯時，已經編譯成二進位檔案，部分核心模組在 Node.js 處理程序啟動的時候已經預設載入到快取裡面了。檔案模組包含獨立檔案模組和協力廠商模組，可以是 .js 模組、.node 模組、.json 模組等。這些都是檔案模組，無論是從 npm 上下載的協力廠商模組還是自己撰寫的模組都是檔案模組。

2.2.4 Node.js 系統模組

Node 執行環境提供了很多系統附帶的 API，因為這些 API 都是以模組化的方式進行開發的，所以又稱 Node 執行環境提供的 API 為系統模組。

常用的系統模組有操作檔案的 fs 模組和操作路徑的 path 模組。

1. fs 模組

從字面意思來解釋，f 表示 file（檔案），s 表示 system（系統），fs 模組可以解釋為檔案作業系統。

使用 fs 模組可以讀取本機檔案，範例程式如下。

```
// 讀取操作 fs.readFile('檔案路徑/檔案名稱'[,'檔案編碼'], callback);
fs.readFile('../index.html', 'utf8', (err,data) => {
    if (err != null){
        console.log(data);
        return;
    }
    console.log('檔案寫入成功');
});
```

還可以使用 fs 模組向本機檔案輸出內容，範例程式如下。

```
// 寫入操作
const content = '<h3>正在使用 fs.writeFile 寫入檔案內容</h3>';
fs.writeFile('../index.html', content, err => {
    if (err != null){
        console.log(err);
        return;
    }
    console.log('檔案寫入成功');
});
```

2. path 模組

path 是系統內建路徑模組，用於處理檔案和目錄的路徑。常用的方法如下。

path.join()，用於連接路徑。該方法的主要用途在於，會正確使用當前系統的路徑分隔符號，UNIX 系統是 "/" ，Windows 系統是 "\" 。

path.resolve([from ...], to)，將 to 參數解析為絕對路徑，給定的路徑的序列是從右往左被處理的，後面每個 path 被依次解析，直到構造完成一個絕對路徑。

path.dirname()，傳回路徑中代表資料夾的部分，同 UNIX 的 dirname 命令類似。

path.basename()，傳回路徑中的最後一部分。同 UNIX 命令 basename 類似。

path.parse()，傳回路徑字串的物件。

path.format()，從物件中傳回路徑字串，和 path.parse 相反。

path.relative()，用於將絕對路徑轉為相對路徑。

path.isAbsolute()，判斷參數 path 是否為絕對路徑。

使用 path 模組拼接路徑，範例程式如下。

```
// 引入模組
var path = require('path');
// 呼叫 join 方法
path.join('/foo', 'bar', 'baz/asdf', 'quux', '..');
// 輸出 '/foo/bar/baz/asdf'
```

2.2.5 協力廠商模組

協力廠商模組，簡單來說，就是別人寫好的、具有特定功能的、能直接使用的模組，由於協力廠商模組通常都是由多個檔案組成並且被放置在一個資料夾中，所以又稱為套件。

有以下兩種形式的協力廠商模組。

（1）以 js 檔案的形式存在，提供實現專案具體功能的 API。

（2）以命令列工具形式存在，輔助專案開發。

可以使用 npm 套件管理工具搜索、下載協力廠商套件。

第 3 章 非同步 I/O

3.1 什麼是非同步 I/O

3.1.1 為什麼要使用非同步 I/O

非同步 I/O 在 Node 中是非常重要的，這與 Node 網路導向的設計思想有很大關係。Web 應用已經不再是單台伺服器就能勝任的時代了，在跨網路的架構下，並行已經是現代網際網路中最常見的場景了。應對高並行的場景，主要是從使用者體驗和資源配置這兩個方面來入手。

1. 使用者體驗

在瀏覽器中 JavaScript 是單執行緒的，與 UI 繪製共用一個執行緒，如果 JavaScript 在執行時，UI 繪製和回應是處於停滯狀態的，一旦 JavaScript 腳本執行的時間過長，使用者就會感到頁面變慢，影響使用者體驗。在 B/S 架構中，當網頁需要同步獲取一個網路資源時，JavaScript 需要等待資源完全從伺服器端獲取後才能繼續執行，如果受到網速的限制，UI 繪製將阻塞，不回應使用者的互動行為，這對使用者體驗來說是個災難。

當在 Web 應用中採用了非同步請求，在下載資源期間，JavaScript 和 UI 的執行都不會處於等候狀態，可以繼續回應使用者的互動行為，給使用者一個快速的體驗。前端可以透過非同步來消除 UI 阻塞的現象，但是前端獲取資源的速度取決於後端的回應速度。

2. 資源配置

且不談使用者體驗的因素，下面從資源配置的層面來分析一下非同步 I/O 的必要性。當前的電腦在處理業務場景中的任務時，主要有兩種方式：單執行緒串列依次執行和多執行緒平行執行。

如果建立多執行緒的消耗小於平行執行，那麼就首選多執行緒。多執行緒的消耗主要表現在建立執行緒和執行執行緒上下文切換時的記憶體消耗，另外，在複雜的業務中，多執行緒程式設計面臨鎖死、狀態同步等問題，這也是多執行緒被詬病的主要原因。但多執行緒也有很多的優點，舉例來説，多執行緒在多核心 CPU 上能夠有效提升 CPU 的使用率。

單執行緒是按順序依次執行任務的，這一點比較符合開發人員按順序思考的思維方式，因為易於表達，也是最主流的程式設計方式。但是串列執行的缺點在於性能相對較差，在程式的執行期間，一旦遇到稍微複雜的任務就會阻塞後面的程式執行。在電腦資源中，通常 I/O 與 CPU 計算之間是可以平行執行的，但是同步程式設計模型導致的問題是，I/O 的進行會讓後續任務等待，這造成資源不能被更進一步地利用。

單執行緒同步程式設計阻塞 I/O，從而導致硬體資源得不到更好的利用，多執行緒程式設計也會因為鎖死、狀態同步等問題給開發人員造成困擾。Node 在兩者之間做了一個相對最佳化的解決方案，利用 JavaScript 的單執行緒，避免多執行緒的鎖死和狀態同步等問題，然後利用作業系統的非同步 I/O，讓單執行緒避免阻塞，充分利用 CPU 的資料分配。Node 的最大特點就是非同步 I/O 模型，這是首個將非同步 I/O 使用到應用層的平台，力求在單執行緒上將資源配置更高效。

3.1.2 非同步 I/O 與非阻塞 I/O

很多初學者會把非同步和非阻塞混為一談，這兩個概念看起來似乎是一回事，從實際的應用效果來説，非同步和非阻塞都達到了平行 I/O 的目的。但是從電腦核心 I/O 而言，非同步、同步和阻塞、非阻塞實際上是兩回事。

作業系統核心對於 I/O 只有兩種方式：阻塞和非阻塞。阻塞 I/O 的特點是呼叫之後要等到系統核心層面完成所有操作後呼叫才結束，應用程式需要等待 I/O 完成後才會傳回結果。效果如圖 3.1 所示。

阻塞 I/O 操作 CPU 浪費了等待時間，CPU 的處理能力不能得到充分利用。為了提高性能，核心提供了非阻塞 I/O。非阻塞 I/O 跟阻塞 I/O 的差別是呼叫之後會立即傳回。效果如圖 3.2 所示。

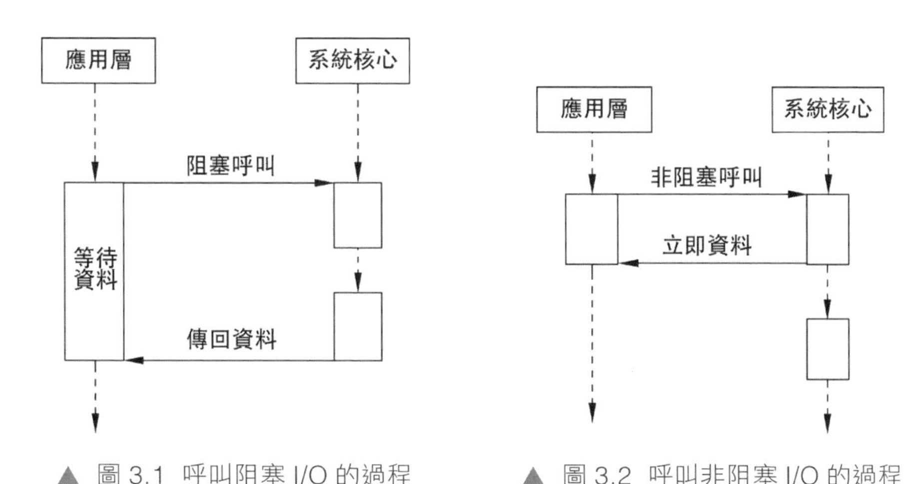

▲ 圖 3.1 呼叫阻塞 I/O 的過程　▲ 圖 3.2 呼叫非阻塞 I/O 的過程

非阻塞 I/O 傳回之後，CPU 的時間切片可以用來處理其他事務，此時的性能提升是非常明顯的。但是非阻塞 I/O 也存在一些問題，在完整的 I/O 還沒有完成時，立即傳回的並不是業務層需要的資料，而僅是當前呼叫的狀態。為了獲取完整的資料，應用程式需要重複呼叫 I/O 操作來確認是否完成。這種重複呼叫判斷操作是否完成的技術叫作輪詢。

輪詢技術僅是滿足了非阻塞 I/O 確保獲取完整資料的需求，但是對於應用程式而言，它仍然只能算是一種同步，因為應用程式仍然需要等待 I/O 完全傳回，依舊花費了很多時間來等待。等待期間，CPU 不是用於遍歷檔案描述符號的狀態，就是用於休眠等待事件發生。輪詢的操作對性能也是非常大的消耗，並不是那麼完美。

3.2 Node.js 的非同步 I/O

3.2.1 事件迴圈

事件迴圈是 Node 中非常重要的執行模型。在處理程序啟動時，Node 便會建立一個類似於 while(true) 的迴圈，每執行一次迴圈本體的過程稱為 Tick。每個 Tick 的過程就是查看是否有事件待處理，如果有，就取出事件及其相關的回呼函式。如果存在連結的回呼函式，就執行它們，然後進入下個迴圈，如果不再有事件處理，就退出處理程序。事件迴圈流程如圖 3.3 所示。

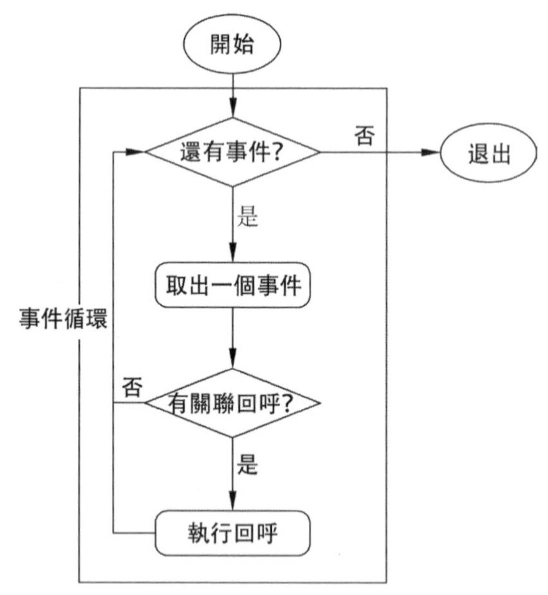

▲ 圖 3.3 Tick 流程圖

3.2.2 觀察者模式

觀察者可以在每個 Tick 的過程中判斷是否需要處理事件，每個事件迴圈中有一個或多個觀察者，而判斷是否有事件要處理的過程就是在詢問這些觀察者是否有事件要處理。

這個過程就類似於奶茶店，奶茶店的操作間裡面的員工需要不停地製作奶茶，但是做什麼口感的奶茶是由前台的收銀員接到的訂單決定的，操作間每做完一杯奶茶，就要詢問前台收銀員，下一杯是什麼口感的，如果沒有訂單了，就休息。在這個過程中，前台收銀員就是觀察者，收到客人點單就是連結的回呼函式。當然，如果奶茶店的生意比較好，可以多雇幾個收銀員，這就像是多個觀察者一樣。接收訂單是一個事件，一個觀察者可以有多個事件。

瀏覽器採用了類似的機制，事件可能來自使用者的點擊或載入某些檔案時產生，而這些產生的事件都有對應的觀察者。在 Node 中，事件主要來自網路請求、檔案 I/O 等，這些事件對應的觀察者有檔案 I/O 觀察者、網路 I/O 觀察者等。觀察者將事件進行了分類。

事件迴圈是一個典型的生產者 / 消費者模式。非同步 I/O、網路請求等則是事件的生產者，源源不斷地為 Node 提供不同類型的事件，這些事件被傳遞到對應的觀察者那裡，事件迴圈則從觀察者那裡取出事件並處理。

3.2.3 請求物件

對 Node 中的非同步 I/O 呼叫來說，回呼函式不是由開發者呼叫，那麼從呼叫到回呼函式被執行，中間需要請求物件。fs.open() 的作用是根據指定路徑和參數去開啟一個檔案，從而得到一個檔案描述符號，這是後續所有 I/O 操作的初始操作。JavaScript 層面的程式透過呼叫 C++ 核心模組進行下層的操作。

從 JavaScript 呼叫 Node 核心模組，核心模組呼叫 C++ 內建模組，內建模組透過 libuv 進行系統呼叫，這是 Node 裡經典的呼叫方式。這裡 libuv 作為封裝層，有兩個平台的實現，實質上是呼叫 uv_fs_open() 方法。請求物件是非同步 I/O 過程中的重要中介軟體，所有的狀態都儲存在這個物件中，包括送入執行緒池等待執行以及 I/O 操作完畢後的回呼處理。

3.2.4 執行回呼

組裝好請求物件、送入 I/O 執行緒池等待執行，實際上完成了非同步 I/O 的第一部分，回呼通知是第二部分。I/O 觀察者回呼函式的行為就是取出請求物件的 result 屬性作為參數，取出 oncomplete_sym 屬性作為方法，然後呼叫執行，以此達到呼叫 JavaScript 中傳入的回呼函式的目的。至此，整個非同步 I/O 的流程完全結束，流程如圖 3.4 所示。

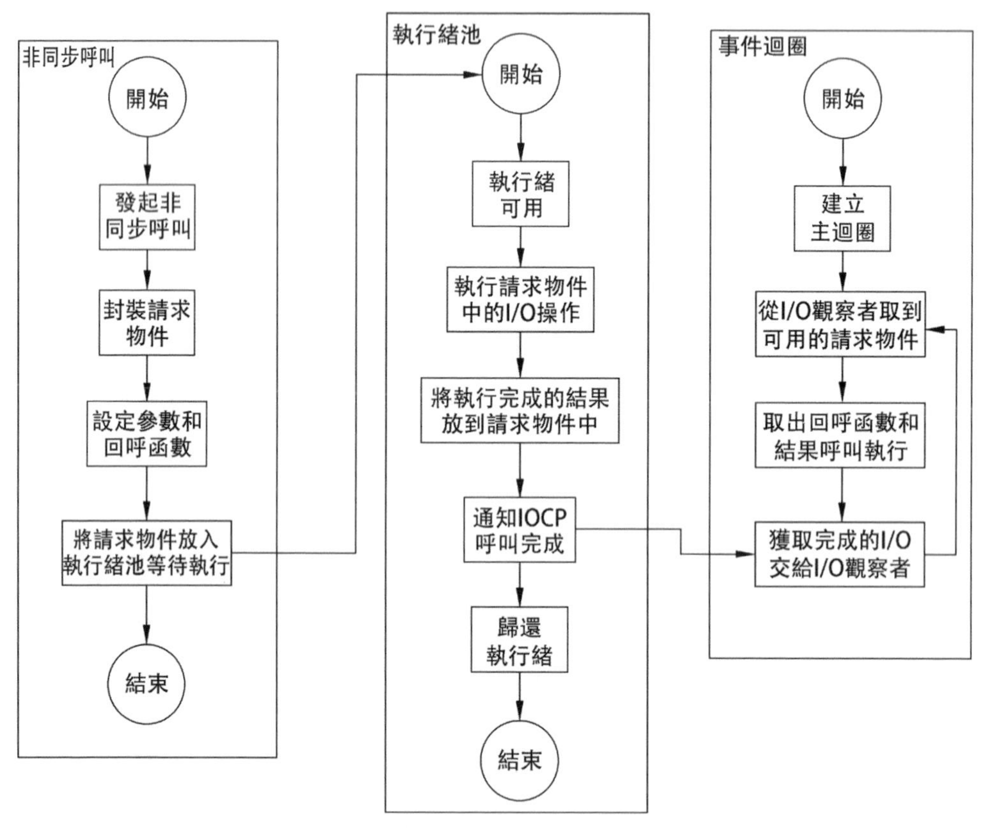

▲ 圖 3.4 非同步 I/O 的流程

3.3 非 I/O 的非同步 API

3.3.1 計時器

瀏覽器 API 中有兩個與計時器相關的函式，分別是 setTimeout() 用於單次定時任務和 setInterval() 用於多次定時任務。它們的實現原理與非同步 I/O 類似，呼叫 setTimeout() 或是 setInterval() 建立的計時器會被插入到計時器觀察者內部的紅黑樹中。每次 Tick 執行時，會從該紅黑樹中迭代取出計時器物件，檢查是否超過定時時間。如果超過，就形成一個事件，它的回呼函式將立即執行。

雖然事件迴圈比較快，如果一次迴圈佔用的時間較多，那麼下次迴圈時，可能已經逾時很久了。舉例來説，使用 setTimeout() 建立一個 10ms 後執行的單次執行任務，但是在 9ms 後，有一個任務佔用了 5ms 的 CPU 時間切片，再次輪到計時器執行時，時間就已經過期了 4ms。

3.3.2 process.nextTick() 函式

由於事件迴圈自身的特點，計時器的精確度不夠，在使用計時器時需要借助紅黑樹來進行計時器物件建立和迭代等操作。而 setTimeout(function,0) 的方式對性能的消耗比較大，如果想要立即非同步執行一個任務，可以使用 process.nextTick() 方法來完成。範例程式如下。

```
function foo() {
    console.error('foo');
}

process.nextTick(foo);
console.error('bar');
```

執行上面的程式，在主控台輸出的結果如下。

```
bar
foo
```

“bar” 的輸出在 “foo” 的前面，這説明 foo() 函式是在下一個時間點執行的。每次呼叫 process.nextTick() 方法，只會將回呼函式放入佇列中，在下一輪 Tick 時取出執行。計時器中採用紅黑樹的操作時間複雜度為 O(lgn)，nextTick() 的時間複雜度為 O(1)。相比較之後會看出 process.nextTick() 的效率更高。

第 4 章 Stream

4.1 Stream 的概念

4.1.1 Stream 簡介

1. 什麼是 Stream

串流（Stream）是作業系統中最基本的資料操作方式，並不是在 Node.js 中獨有的概念，所有的伺服器端語言都有可以實現 Stream 的 API。Stream 在 Node.js 中是處理串流資料的抽象介面（Abstract Interface）。Stream 模組提供了基礎的 API。使用這些 API 可以很容易地建構實現串流介面的物件。簡單來講，Node.js 中的 Stream 就是讓資料像水一樣流動起來。如圖 4.1 所示，資料的串流就像是桶中的水一樣，從原來的 source 一點一點地透過管道流向 dest。

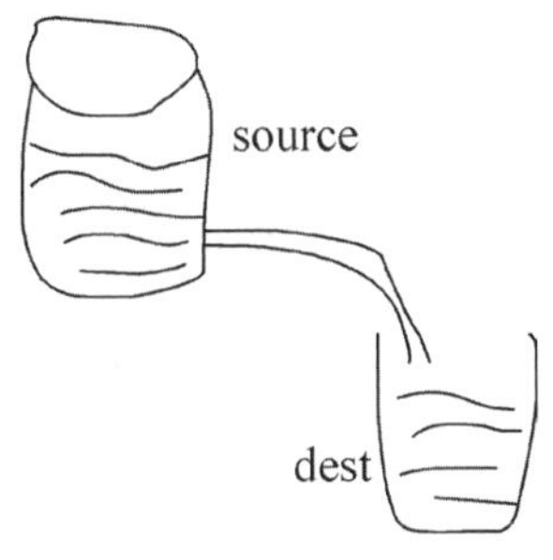

▲ 圖 4.1 資料串流示意圖

管道提供了一個輸出串流到輸入串流的機制，通常用於從一個串流中獲取資料並將資料傳遞到另外一個串流中。可以把檔案比作一個裝滿水的桶，而水就是檔案裡的內容，可以用一根管子將兩個桶連接起來，使水從一個桶流向另一個桶，這就是實現檔案複製的過程。

2. 為什麼要使用 Stream

將上面倒水的例子對應到電腦的場景中，舉例來說，要看一個線上的影片，source 就是伺服器端的影片，dest 就是自己電腦上的播放機，影片的播放過程就是把影片的資料從伺服器上一點一點地串流到本機播放機，一邊流動一邊播放。

可以試想一下，如果沒有管道和流動的方式，想要播放影片需要在伺服器端載入完成一個完整的影片，然後再播放。這樣就會導致最終播放的時候需要載入很長一段時間才能將影片播放出來。除了這個直觀的問題之外，還會因為影片在載入的過程中，記憶體佔用太多而導致系統變慢或當機。這是由於網速、記憶體、CPU 運算速度都是有限的，影片過大就會使電腦超負荷運轉。

程式在讀取一個檔案時，如果這個檔案非常大，在回應大量使用者的並行請求時，程式可能會消耗大量的記憶體，這樣就很容易造成使用者連接緩慢等問題。並行請求過大，還會造成伺服器記憶體消耗過大。範例程式如下。

```
var http = require('http');
var fs = require('fs');
var path = require('path');

var server = http.createServer(function (req, res) {
    var fileName = path.resolve(__dirname, 'data.txt');
    fs.readFile(fileName, function (err, data) {
        res.end(data);
    });
});
server.listen(8000);
```

使用 Stream 可以極佳地解決這個問題，並不是把檔案全部讀取後再傳回，而是一邊讀取一邊傳回，一點一點地把資料流動到使用者端。範例程式如下。

```
var http = require('http');
var fs = require('fs');
var path = require('path');

var server = http.createServer(function (req, res) {
    var fileName = path.resolve(__dirname, 'data.txt');
    var stream = fs.createReadStream(fileName);        // 這一行有改動
    stream.pipe(res);                                  // 這一行有改動
});
server.listen(8000);
```

使用 Stream 的目的就是讓大檔案避免一次性的讀取，從而造成記憶體和網路消耗過大。透過 Stream 可以讓資料像水一樣流動起來，對資料一點一點地操作。

4.1.2 Stream 實現的過程

資料串流（Stream）就是把資料從一個地方流轉到另一個地方，那麼資料流轉具體是怎麼實現的呢？需要先來了解三個概念：資料來源、資料管道、資料流向。

1. 資料來源

資料常見的來源方式主要有以下三種。

（1）使用者從主控台直接輸入。

（2）從 HTTP 請求中的 request 物件獲取。

（3）從本機檔案中讀取。

使用者從主控台輸入的任何內容都會透過事件監聽獲取到，範例程式如下。

```
process.stdin.on('data', function (chunk) {
    console.log('stream by stdin', chunk.toString())
});
```

使用者端瀏覽器向伺服器發送一個 HTTP 請求，在伺服器端就可以使用 request 物件接收 HTTP 請求中的參數，伺服器可以透過這種方式來監聽資料的傳入。上傳資料一般使用 post 請求。範例程式如下。

```
req.on('data', function (chunk) {
    //" 一點一點 " 接收內容
    data += chunk.toString()
})
req.on('end', function () {
    //end 表示接收資料完成
})
```

使用 Node.js 中的 fs 模組來讀取檔案的資料，範例程式如下。

```
var fs = require('fs')
var readStream = fs.createReadStream('./file1.txt')// 讀取檔案的 Stream 物件

var length = 0
readStream.on('data', function (chunk) {
    length += chunk.toString().length
})
readStream.on('end', function () {
    console.log(length)
})
```

在上面的範例程式中，使用 Node.js 中的 .on 方法監聽自訂事件，透過這種方式，可以很直觀地監聽到 Stream 資料的傳入和結束。

2. 資料管道

在如圖 4.1 所示的例子中，source 和 dest 之間有一個管道，這個管道在程式中的語法是 source.pipe(dest)，使用 pipe 方法連接 source 和 dest，就可以讓資料從 source 流向 dest。這個 pipe 函式就被稱為管道。

3. 資料流向

資料常見的輸出方式主要有以下幾種。

（1）輸出到主控台。

（2）HTTP 請求中的 response。

（3）寫入檔案。

使用管道連接到主控台輸入，讓資料從輸入直接流向輸出，範例程式如下。

```
process.stdin.pipe(process.stdout) //source.pipe(dest) 形式
```

Node.js 在處理 HTTP 請求時會用到 request 和 response 物件，其實它們都是 Stream 物件。範例程式如下。

```
var stream = fs.createReadStream(fileName);
stream.pipe(res); //source.pipe(dest) 形式
```

還可以使用 Stream 讀取檔案，當然也可以使用 Stream 寫入檔案，範例程式如下。

```
var fs = require('fs')
var readStream = fs.createReadStream('./file1.txt')        //source
var writeStream = fs.createWriteStream('./file2.txt')      //dest
readStream.pipe(writeStream)                               //source.pipe(dest) 形式
```

4.1.3 Stream 應用場景

Stream 最常見的應用場景是 HTTP 請求和檔案操作。HTTP 請求和檔案操作都屬於 I/O，所以可以認為 Stream 主要的應用場景就是處理 I/O。在 I/O 操作過程中，由於一次性讀寫操作量過大，硬體的消耗太多，會直接影響軟體的執行效率。因此，將讀取和寫入分批分段操作，這樣就可以使資料一點一點地流動起來，直到操作完成。

所有執行檔案操作的場景，都應該嘗試使用 Stream，例如檔案的讀寫、複製、壓縮、解壓、格式轉換等。除非是體積很小的檔案，而且讀寫次數很少，性能上被忽略。

4.2 使用 Stream 操作檔案

4.2.1 Node.js 讀寫檔案

Node.js 提供了非常便捷的 API 來幫助完成讀寫操作，舉例來說，要讀取一個檔案，可以使用 fs.readFile() 方式來完成，然後在回呼函式中傳回檔案內容。範例程式如下。

```
var fs = require('fs')
var path = require('path')

// 檔案名稱
var fileName = path.resolve(__dirname, 'data.txt');

// 讀取檔案內容
fs.readFile(fileName, function (err, data) {
    if (err){
        // 出錯
        console.log(err.message)
        return
    }
    // 列印檔案內容
    console.log(data.toString())
})
```

如果要向檔案中寫入資料，可以使用 fs.writeFile() 方式將資料寫入檔案中，然後在回呼函式中傳回操作狀態。範例程式如下。

```
var fs = require('fs')
var path = require('path')

// 檔案名稱
var fileName = path.resolve(__dirname, 'data.txt');

// 寫入檔案
fs.writeFile(fileName, 'xxxxxx', function (err) {
```

```
    if (err){
        // 出錯
        console.log(err.message)
        return
    }
    // 沒有顯示出錯，表示寫入成功
    console.log(' 寫入成功 ')
})
```

可以根據上面的讀寫入操作，完成一個簡單的檔案複製程式。將 data.txt 檔案中的內容複製到 data-bak.txt 中，範例程式如下。

```
var fs = require('fs')
var path = require('path')

// 讀取檔案
var fileName1 = path.resolve(__dirname, 'data.txt')
fs.readFile(fileName1, function (err, data) {
    if (err){
        // 出錯
        console.log(err.message)
        return
    }
    // 得到檔案內容
    var dataStr = data.toString()

    // 寫入檔案
    var fileName2 = path.resolve(__dirname, 'data-bak.txt')
    fs.writeFile(fileName2, dataStr, function (err) {
        if (err){
            // 出錯
            console.log(err.message)
            return
        }
        console.log(' 複製成功 ')
    })
})
```

上面程式中是使用 Node.js 中提供的 fs 模組完成檔案的讀取和寫入操作。下面再使用 Stream 完成檔案的 I/O，來對比兩種操作方式。

4.2.2 使用 Stream 讀寫檔案

在 Node.js 中使用 Stream 讀寫檔案，主要使用以下兩個 API。

（1）使用 fs.createReadStream(fileName) 來建立讀取檔案的 Stream 物件。

（2）使用 fs.createWriteStream(fileName) 來建立寫入檔案的 Stream 物件。

Node.js 作為伺服器處理 HTTP 請求時，可以使用 Stream 讀取檔案並直接傳回。範例程式如下。

```
var fileName = path.resolve(__dirname, 'data.txt');
var stream = fs.createReadStream(fileName);
stream.pipe(res); // 將 res 作為 Stream 的 dest
```

Node.js 在處理 post 請求時，可以將傳入的資料直接寫入到檔案中，req 就表示 source；writeStream 就表示 dest，兩者用 pipe 相連，表示資料流動的方向。範例程式如下。

```
var fileName = path.resolve(__dirname, 'post.txt');
var writeStream = fs.createWriteStream(fileName)
req.pipe(writeStream)
```

Node.js 還可以使用 Stream 實現檔案的複製功能，範例程式如下。

```
var fs = require('fs')
var path = require('path')

// 兩個檔案名稱
var fileName1 = path.resolve(__dirname, 'data.txt')
var fileName2 = path.resolve(__dirname, 'data-bak.txt')
// 讀取檔案的 Stream 物件
var readStream = fs.createReadStream(fileName1)
// 寫入檔案的 Stream 物件
var writeStream = fs.createWriteStream(fileName2)
// 執行複製，透過 pipe
```

```
readStream.pipe(writeStream)
// 資料讀取完成，即複製完成
readStream.on('end', function () {
    console.log(' 複製完成 ')
})
```

4.2.3 Stream 對性能的影響

在上面的範例中，使用 fs API 和 stream API 實現檔案複製的程式，二者雖然都可以實現基本功能，但是在性能上卻有巨大的差異。可以使用一個協力廠商模組 memeye 來對記憶體佔用情況進行監控。

先找到請求測試程式所在的資料夾，然後在此資料夾處啟動命令列工具，然後執行以下的安裝命令。

```
npm install memeye --save-dev
```

安裝完成後，新建 test.js 檔案並寫入下面的程式。

```
var memeye = require('memeye')
memeye()
```

在命令列中執行 node test.js，然後在瀏覽器中存取 http://localhost:23333/ 即可看到這個 Node.js 處理程序的記憶體佔用情況，效果如圖 4.2 所示。

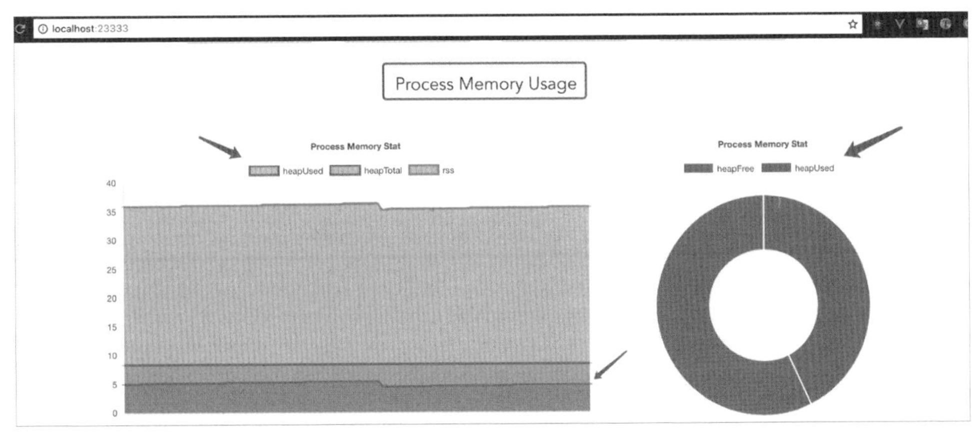

▲ 圖 4.2 記憶體佔有情況

可以只看頁面中關於 Process Memory Usage 這部分的 heapUsed 記憶體大小，即 Node.js 的堆積記憶體，這部分是 JS 物件所佔用的記憶體空間。

為了方便測試，對 test.js 檔案繼續完善。讓複製操作延遲執行，然後再連續執行 100 次複製，範例程式如下。

```
var fs = require('fs')
var path = require('path')

// 開始監控記憶體
var memeye = require('memeye')
memeye()

// 將複製操作封裝到一個函式中
function copy(){
    // 這裡自行補充上文的複製程式
    // 測試一，使用 readFile 和 writeFile 撰寫的複製程式
    // 測試二，使用 Stream 撰寫的複製程式
}

// 延遲 5s 執行複製
setTimeout(function () {
    // 連續執行 100 次複製
    var i
    for (i = 0; i < 100; i++){
        copy()
    }
}, 5000)
```

上面程式撰寫完成後，在命令列工具中執行 node test.js 命令，切換到瀏覽器中刷新頁面，效果如圖 4.3 所示。

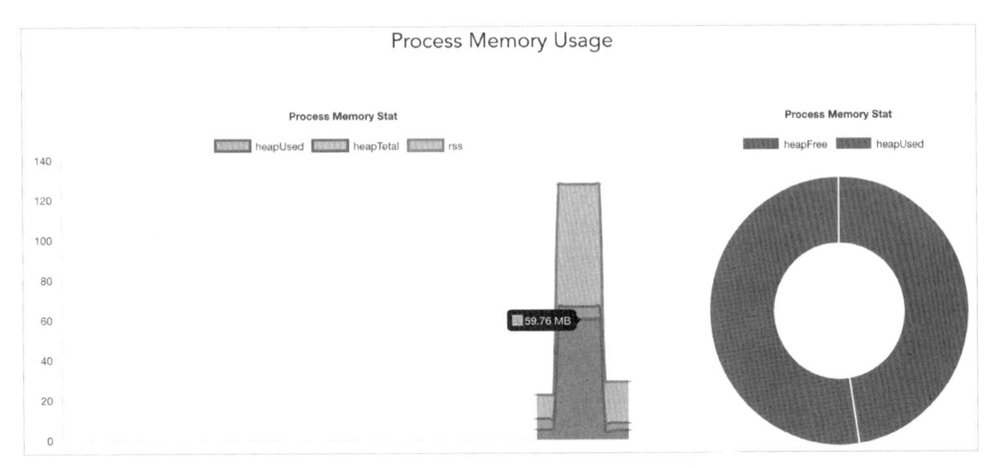

▲ 圖 4.3 fs 延遲讀寫記憶體佔用情況

可以看到，圖 4.3 中 heapUsed 從 5MB 飆升到 60MB 左右。把同樣的延遲操作複製到 Stream 的程式中，然後繼續使用測試工具查看記憶體佔用情況，效果如圖 4.4 所示。

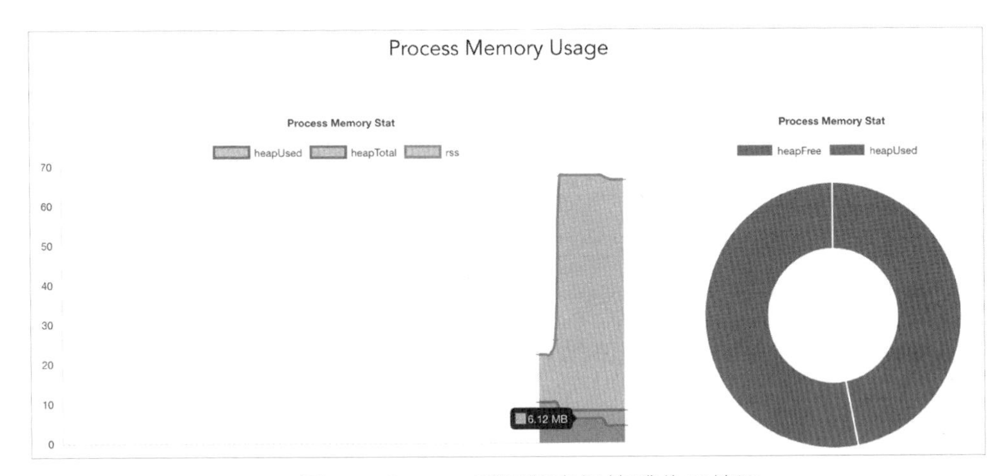

▲ 圖 4.4 Stream 延遲讀寫記憶體佔用情況

透過觀察，使用 Stream 操作後，圖 4.4 中 heapUsed 從 5MB 僅增長到 6MB 左右。對比兩種操作，會發現非常大的記憶體消耗差異，而且隨著檔案體積越大、操作的數量越多，二者的差異也就越明顯。由此可見，使用 Stream 操作檔案對性能帶來了很大的提升。

4.3 readline 逐行讀取

使用 Stream 操作檔案會帶來很大的性能提升，但是原生的 Stream 卻沒有操作“行”的能力，只是把檔案當作一個簡單的資料串流。在實際的開發中，很多檔案都是分行的，舉例來說，csv 檔案、記錄檔等。

Node.js 提供了 readline 進行按行讀取檔案，其本質還是一個 Stream，只不過是以“行”作為資料流動的單位。

Stream 物件有 data end 自訂事件，以及 pipe 方法。在前面講到的 source.pipe(dest) 案例中，所有 source 類型的 Stream 物件都可以監聽到它的 data end 自訂事件。舉例來說，HTTP 請求中的 request。範例程式如下。

```
req.on('data', function (chunk) {
    console.log('chunk', chunk.toString().length);
});
req.on('end', function () {
    console.log('end');
    res.end('OK');
});
```

所有 source 類型的 Stream 物件都有 pipe 方法，可以傳入一個 dest 類型的 Stream 物件，這是 Stream 常見的操作。相比於 Stream 的 data 和 end 自訂事件，readline 和 Stream 類似，但是操作更加簡單易懂。readline 需要監聽 line 和 close 兩個自訂事件。範例程式如下。

```
var fs = require('fs')
var path = require('path')
var readline = require('readline') // 引用 readline

// 檔案名稱
var fileName = path.resolve(__dirname, 'readline-data.txt')
// 建立讀取檔案的 Stream 物件
var readStream = fs.createReadStream(fileName)
```

```
// 建立 readline 物件
var rl = readline.createInterface({
    // 輸入，相依於 Stream 物件
    input: readStream
})

// 監聽逐行讀取的內容
rl.on('line', function (lineData) {
    console.log(lineData)
    console.log('----- this line read -----')
})
// 監聽讀取完成
rl.on('close', function () {
    console.log('readline end')
})
```

在上面的程式範例中，需要先根據檔案名稱建立讀取檔案的 Stream 物件，然後傳入並生成一個 readline 物件，然後透過 line 事件監聽逐行讀取，透過 close 事件監聽讀取完成。

4.4 Buffer 二進位串流

4.4.1 什麼是二進位串流

1. 二進位

現在的電腦都是使用二進位形式進行儲存和計算的。在半個世紀之前，馮．諾依曼結構被提出之後，將二進位形式的計算運用在馮．諾依曼電腦中，並一直沿用至今。

電腦記憶體由若干個儲存單元組成，每個儲存單元只能儲存 0 或 1（可以先這麼簡單理解，因為記憶體是硬體，電腦硬體本質上就是一個一個的電子元件，只能辨識充電和放電的狀態，充電代表 1，放電代表 0），即二進位單元（bit）。但是這一個單元所能儲存的資訊太少，因此約定 8 個二進位單元為一個基本存放裝置單元，叫作位元組（Byte）。一個位元組所能儲存的最大整數就是 2^8 =256，也正好是 16^2，因此也常常使用兩位的十六進位數代表 1 位元組。舉例來說，CSS 中常見的顏色值 #CCCCCC 就是 6 位十六進位數字，它佔用 3 位元組的空間。

二進位是電腦最底層的資料格式，也是一種通用格式。電腦中的任何資料格式，如字串、數字、影片、音訊、程式、網路封包等，在最底層都是用二進位來進行儲存。這些高級格式和二進位之間都可透過固定的編碼格式進行相互轉換。舉例來說，C 語言中 int32 類型的十進位整數（無號的），就佔用 32b 即 4B，十進位的 3 對應的二進位就是 00000000 00000000 00000000 00000011。字串也同理，可以根據 ASCII 編碼規則或 Unicode 編碼規則（如 UTF-8）等和二進位進行相互轉換。

總之，電腦底層儲存的資料都是二進位格式，各種高級類型都有對應的編碼規則，和二進位進行相互轉換。

2. Node.js 中的二進位表示

在 Node.js 中二進位是以 Buffer 的形式表示的。範例程式如下。

```
var str = '學習 nodejs stream'

// 注意： node 版本 < 6.0 的使用 var buf = new Buffer(str, 'utf-8')
var buf = Buffer.from(str, 'utf-8')

//<Buffer e5 ad a6 e4 b9 a0 20 6e 6f 64 65 6a 73 20 73 74 72 65 61 6d>
console.log(buf)
console.log(buf.toString('utf-8'))
```

以上程式中，先透過 Buffer.from 將一段字串轉為二進位形式，其中，UTF-8 是一個編碼規則。二進位列印出來之後是一個類似陣列的物件（但它不是陣列），每個元素都是兩位的十六進位數字，即代表一個 Byte，列印出來的 buf 一共有 20B。即根據 UTF-8 的編碼規則，這段字串需要 20B 進行儲存。最後，再透過 UTF-8 規則將二進位轉為字串並列印出來。

3. 二進位資料串流

先列印 chunk instanceof Buffer 和 chunk，看一下是什麼內容。範例程式如下。

```
var readStream = fs.createReadStream('./file1.txt')
readStream.on('data', function (chunk) {
    console.log(chunk instanceof Buffer)
    console.log(chunk)
})
```

執行上面的程式，執行結果如圖 4.5 所示。

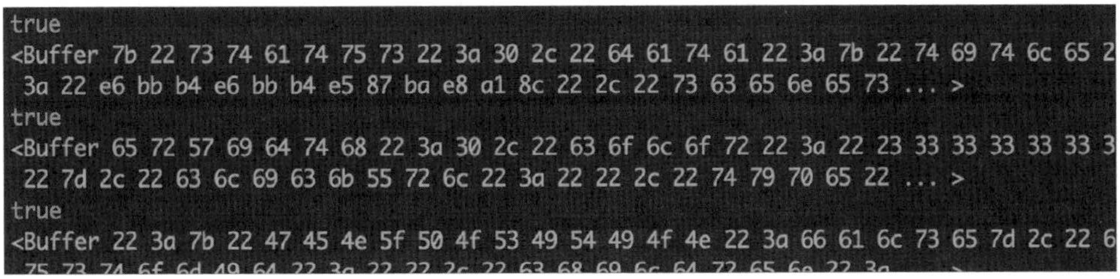

```
true
<Buffer 7b 22 73 74 61 74 75 73 22 3a 30 2c 22 64 61 74 61 22 3a 7b 22 74 69 74 6c 65 2
 3a 22 e6 bb b4 e6 bb b4 e5 87 ba e8 a1 8c 22 2c 22 73 63 65 6e 65 73 ... >
true
<Buffer 65 72 57 69 64 74 68 22 3a 30 2c 22 63 6f 6c 6f 72 22 3a 22 23 33 33 33 33 33 3
 22 7d 2c 22 63 6c 69 63 6b 55 72 6c 22 3a 22 22 2c 22 74 79 70 65 22 ... >
true
<Buffer 22 3a 7b 22 47 45 4e 5f 50 4f 53 49 54 49 4f 4e 22 3a 66 61 6c 73 65 7d 2c 22 6
```

▲ 圖 4.5 執行結果

可以看到 Stream 中流動的資料就是 Buffer 類型，就是二進位。因此，在使用 Stream chunk 時，需要將這些二進位資料轉為對應的格式。舉例來說，之前講的 post 請求，從 request 中接收資料就是這樣。範例程式如下。

```
var dataStr = '';
req.on('data', function (chunk) {
    var chunkStr = chunk.toString() //這裡將二進位轉為字串
    dataStr += chunkStr
});
```

在前面的章節中講到過，Stream 設計的目的是最佳化 I/O 操作，無論是檔案 I/O 還是網路 I/O，使用 I/O 操作的檔案的資料型態都是未知的，舉例來說，音訊、影片、網路封包等。就算是字串類型，其編碼格式也是未知的。在多種未知的情況下，使用二進位格式進行資料的操作是最安全的。而且，用二進位格式進行流動和傳輸，也是效率最高的。

在 Node.js 中，無論是使用 Stream 還是使用 fs.readFile() 讀取檔案，讀出來的資料都是二進位格式的，範例程式如下。

```
var fileName = path.resolve(__dirname, 'data.txt');
fs.readFile(fileName, function (err, data) {
    console.log(data instanceof Buffer)//true
    console.log(data)//<Buffer 7b 0a 20 20 22 72 65 71 75 69 72 65 …>
});
```

4.4.2 使用 Buffer 提升性能

使用 Stream 可以提升性能，下面看一下 Buffer 對性能產生的影響。新建 buffer-test.txt 檔案，然後貼上一些文字進去，讓檔案大小在 500KB 左右。再新建 test.js 檔案來操作 I/O，範例程式如下。

```
var http = require('http');
var fs = require('fs');
var path = require('path');

var server = http.createServer(function (req, res) {
    var fileName = path.resolve(__dirname, 'buffer-test.txt');
    fs.readFile(fileName, function (err, data) {
        res.end(data)                    // 測試 1：直接傳回二進位資料
        //res.end(data.toString())       // 測試 2：傳回字串資料
    });
});
server.listen(8000);
```

對以上程式中兩個需要測試的情況，使用 ab 工具執行 ab-n 100-c 100 http://localhost:8000/ 分別進行測試，結果如圖 4.6 所示。

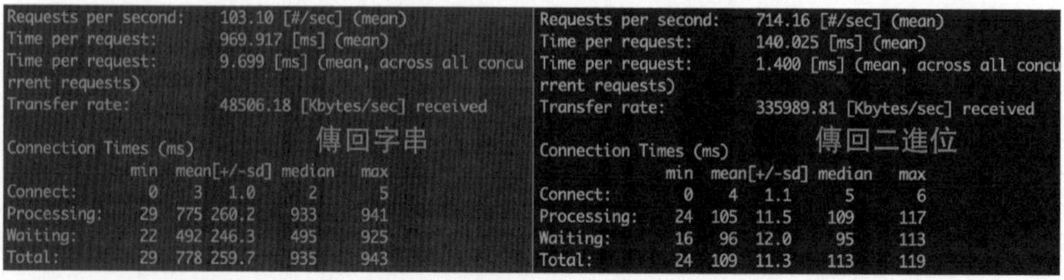

```
Requests per second:    103.10 [#/sec] (mean)
Time per request:       969.917 [ms] (mean)
Time per request:       9.699 [ms] (mean, across all concu
rrent requests)
Transfer rate:          48506.18 [Kbytes/sec] received
                                   傳回字串
Connection Times (ms)
              min  mean[+/-sd] median   max
Connect:        0    3   1.0      2       5
Processing:    29  775 260.2    933     941
Waiting:       22  492 246.3    495     925
Total:         29  778 259.7    935     943
```

```
Requests per second:    714.16 [#/sec] (mean)
Time per request:       140.025 [ms] (mean)
Time per request:       1.400 [ms] (mean, across all concu
rrent requests)
Transfer rate:          335989.81 [Kbytes/sec] received
                                   傳回二進位
Connection Times (ms)
              min  mean[+/-sd] median   max
Connect:        0    4   1.1      5       6
Processing:    24  105  11.5    109     117
Waiting:       16   96  12.0     95     113
Total:         24  109  11.3    113     119
```

▲ 圖 4.6 測試結果

從測試結果可以看出，無論是從每秒輸送量（Requests per second）還是連線時間上，傳回二進位格式比傳回字串格式效率提高很多。為何字串格式效率低？因為網路請求的資料本來就是二進位格式傳輸，雖然程式中寫的是 response 傳回字串，最終還得再轉為二進位進行傳輸，多了一步操作，效率當然低了。

第 5 章 Node.js Web 伺服器開發

Web 伺服器一般指網站伺服器，是駐留於網際網路上某種類型電腦的程式。Web 伺服器的基本功能就是提供 Web 資訊瀏覽服務。如果讀者有過製作靜態的 HTML 網站的經歷，大概會知道 Web 伺服器提供靜態檔案服務的功能，將靜態檔案部署到伺服器指定的根目錄下，就可以透過存取伺服器的 IP 位址和通訊埠編號來存取這個靜態的 HTML 檔案，然後伺服器將檔案傳回給瀏覽器。

Node 也具備開發伺服器的能力，但是這和傳統意義上的伺服器略有不同，可以使用 Node 提供的模組自己手動撰寫一個伺服器應用。不過，使用 Node 撰寫一個伺服器應用非常簡單，只需要幾行程式就可以了，而且對自己寫的伺服器程式有足夠強的控制力。

5.1 使用 Node.js 架設 Web 伺服器

5.1.1 http 模組

Node.js 提供了 http 模組，主要用於架設 HTTP 伺服器端和使用者端，使用 HTTP 伺服器或使用者端功能必須呼叫 http 模組，範例程式如下。

```
var http = require('http');
```

1. 使用 Node 建立 Web 伺服器

本節使用 http 模組架設一個最基本的 HTTP 伺服器架構，在硬碟上先建立一個 server.js 檔案，在檔案中撰寫建立伺服器的程式，範例程式如下。

```
var http = require('http');
var fs = require('fs');
var url = require('url');

// 建立伺服器
http.createServer( function (request, response) {
    // 解析請求，包括檔案名稱
    var pathname = url.parse(request.url).pathname;

    // 輸出請求的檔案名稱
    console.log("Request for " + pathname + " received.");
  // 從檔案系統中讀取請求的檔案內容
  fs.readFile(pathname.substr(1), function (err, data) {
      if (err){
          console.log(err);
          //HTTP 狀態碼 : 404 : NOT FOUND
          //Content Type: text/html
          response.writeHead(404, {'Content-Type': 'text/html'});
  }else{
          //HTTP 狀態碼 : 200 : OK
          //Content Type: text/html
          response.writeHead(200, {'Content-Type': 'text/html'});

          // 回應檔案內容
          response.write(data.toString());
      }
      // 發送回應資料
      response.end();
    });
}).listen(8080);

// 主控台會輸出以下資訊
console.log('Server running at http://127.0.0.1:8080/');
```

接下來，在該目錄下再建立一個 index.html 檔案，範例程式如下。

```
<!DOCTYPE html>
<html>
    <head>
        <meta charset="utf-8">
    </head>
    <body>
        <h1> 我的第一個標題 </h1>
        <p> 我的第一個段落。</p>
    </body>
</html>
```

在目前的目錄下開啟命令列視窗，執行 server.js 檔案，在命令列視窗中執行以下命令。

```
$ node server.js
Server running at http://127.0.0.1:8080/
```

命令執行成功後，開啟瀏覽器存取 http://localhost:8080/index.html，顯示效果如圖 5.1 所示。

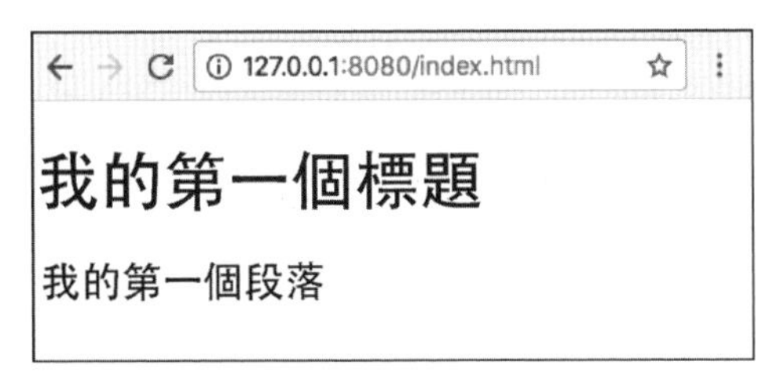

▲ 圖 5.1 存取 index.html

2. 使用 Node 建立 Web 使用者端

使用 Node 建立 Web 使用者端需要引入 http 模組，建立 client.js 檔案，範例程式如下。

```
var http = require('http');
// 用於請求的選項
var options ={
```

```
    host: 'localhost',
    port: '8080',
    path: '/index.html'
};

// 處理回應的回呼函式
var callback = function(response){
    // 不斷更新資料
    var body = '';
    response.on('data', function(data) {
            body += data;
    });

    response.on('end', function() {
            // 資料接收完成
            console.log(body);
    });
}
// 向伺服器端發送請求
var req = http.request(options, callback);
req.end();
```

在目前的目錄下開啟命令列視窗，執行 client.js 檔案，主控台中會輸出以下的內容。

```
$ node client.js
<!DOCTYPE html>
<html>
    <head>
        <meta charset="utf-8">
    </head>
    <body>
        <h1> 我的第一個標題 </h1>
        <p> 我的第一個段落。</p>
    </body>
</html>
```

5.1.2 事件驅動程式設計

Node 的核心理念是事件驅動程式設計，對 Node.js 的開發人員來說，必須掌握這些事件，以及知道如何回應這些事件。實際上，如果學過 HTML，就會明白事件的概念，舉例來說，在頁面上增加一個按鈕，然後綁定一個點擊事件。伺服器端的事件驅動和這個按鈕的點擊事件的道理是一樣的。

在 5.1.1 節的程式範例中，事件是隱含的，HTTP 請求就是要處理的事件。http.createServer() 方法將函式作為一個參數，每次有 HTTP 請求發送過來就會呼叫該函式。

5.1.3 路由

路由就是 URL 到伺服器端函式的一種映射，這個定義還是比較抽象的。可以舉個生活中的例子，去電影院看電影，都會提前買好電影票，每張電影票都會有指定的座位，觀眾只需要根據電影票上的座位，找到自己的位置就可以了。把觀眾看作使用者端的每次請求，然後 URL 就是電影票，伺服器端定義的路由就是觀影大廳的座椅，瀏覽器的請求（觀眾）按照電影票上的座位號（URL）去找到自己的位置（伺服器端路由函式）對號入座。

在伺服器端定義一個路由時，要為路由提供請求的 URL 和其他需要的 GET 及 POST 參數，隨後路由需要根據這些資料來執行對應的程式。因此，需要查看 HTTP 請求，從中提取出請求的 URL 以及 GET/POST 參數。

伺服器端所需要的所有的參數都在 request 物件中，該物件作為 onRequest() 回呼函式的第一個參數傳遞，但是解析這些資料還需要其他的 Node.js 模組，如 url 和 querystring 模組。querystring 模組還可以用來解析 POST 請求本體中的參數。

建立 server.js 檔案，在檔案中撰寫伺服器應用程式，為 onRequest() 函式加上一些邏輯，用來找出瀏覽器請求的 URL 路徑。範例程式如下。

```
var http = require("http");
var url = require("url");
```

```
function start(){
  function onRequest(request, response){
    var pathname = url.parse(request.url).pathname;
    console.log("Request for " + pathname + " received.");
    response.writeHead(200, {"Content-Type": "text/plain"});
    response.write("Hello World");
    response.end();
  }

  http.createServer(onRequest).listen(8888);
  console.log("Server has started.");
}

start()
```

在目前的目錄下執行 server.js 檔案，執行以下命令。

```
node server
```

伺服器啟動成功後在瀏覽器中存取 http://localhost:8888/，效果如圖 5.2 所示。

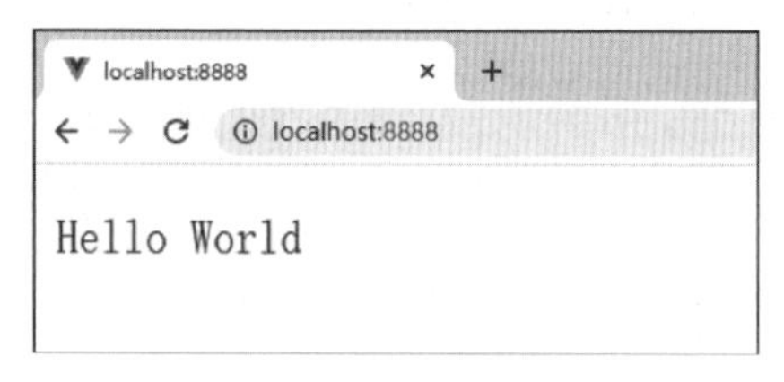

▲ 圖 5.2 透過路由存取

存取成功後再看主控台的輸出內容，獲取到了 URL 中 pathname 的內容，效果如圖 5.3 所示。

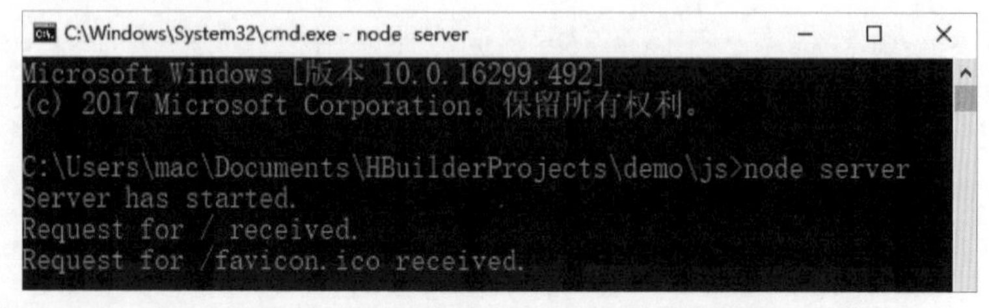

▲ 圖 5.3 主控台輸入 pathname 的內容

5.1.4 靜態資源服務

還可以透過路由的方式，存取伺服器端的靜態資源檔，舉例來說，一個 HTML 網頁檔案或一張圖片，因為在存取這些檔案時，檔案內容不會發生任何變化，所以被稱為“靜態資源檔”。

Node 伺服器對外提供靜態資源檔的存取時，需要先使用 Node 讀取到指定內容的內容，然後將這些內容發送給瀏覽器。所以，要先在專案中建立一個名為 public 的目錄，用於存放這些靜態檔案。在這個目錄下建立一些 HTML 檔案，例如 home.html、about.html、notfound.html，再建立一個 img 子目錄，在該子目錄下存放一個 logo.jpg 圖片。當這些檔案都準備完畢後，就可以撰寫伺服器端的路由設定程式了。範例程式如下。

```
var http = require('http');
var fs = require('fs');

function serveStaticFile(res, path, contentType, responseCode){
    if (!responseCode) responseCode = 200;
    fs.readFile(__dirname + path, function(err, data) {
                if (err) {
        res.writeHead(500, {
                'Content-Type': 'text/plain'
        });
        res.end('500 - Internal Error');
    } else {
        res.writeHead(responseCode, {
                'Content-Type': contentType
            });
            res.end(data);
        }
    });
}

// 規範化 URL，去掉查詢字串、可選的反斜線，並把它變成小寫
http.createServer(function(req, res) {
    var path = req.url.replace(/\/?(?:\?.*)?$/, '').toLowerCase();
    switch (path) {
```

```
        case '':
            serveStaticFile(res, '/public/home.html', 'text/html');
            break;
        case '/about':
            serveStaticFile(res, '/public/about.html', 'text/html');
            break;
        case '/img/logo.jpg':
            serveStaticFile(res, '/public/img/logo.jpg', 'image/jpeg');
            break;
        default:
            serveStaticFile(res, '/public/404.html', 'text/html', 404);
            break;
    }
}).listen(3000);

console.log('Server started on localhost:3000');
```

在上面的程式中，建立了一個輔助函式 serveStaticFile，它完成了大部分工作。fs.readFile 是讀取檔案的非同步方法。這個函式有同步版本 fs.readFileSync，但這種非同步思考問題的方式，在 Node 開發中還是很重要的。函式 fs.readFile 讀取指定檔案中的內容，當讀取完檔案後執行回呼函式，如果檔案不存在，或讀取檔案時遇到權限方面的問題，會設定 err 變數，並且會傳回一個 HTTP 500 的狀態碼表明伺服器錯誤。如果檔案讀取成功，檔案會帶著特定的回應碼和內容類型發給使用者端。

5.2 請求與回應物件

5.2.1 URL 的組成部分

URL（Uniform Resource Locator，統一資源定位器）是電腦 Web 網路相關的術語，就是俗稱的網址。每個網頁都有屬於自己的 URL 位址，而且所有位址都是具有唯一性。

HTTP URL 是以 http:// 和 https:// 開頭的，完整的 URL 位址書寫格式如下。

```
http://localhost:3000/about?id=1&kw=hello
```

一個完整的 URL 主要是由以下幾個部分組成的。

1. 協定

協定規定了如何傳輸請求，主要是處理 http 和 https，其他常見的協定還有 file 和 ftp。

2. 主機名稱

主機名稱是伺服器的標識，執行在本機的電腦或是本機網路的伺服器可以使用一個單字（localhost）或一串數字（IP 位址）來表示。在網際網路環境下，主機名稱通常是以一個頂層網域名結尾，如 .com 或 .net。每個以域名表示的主機名稱，都可以設定多個子域名，俗稱二級域名，其中 www 最為常見。

3. 通訊埠

每一台伺服器都有一系列通訊埠編號，一些通訊埠編號比較特殊，如 80 和 443 通訊埠。如果省略通訊埠值，那麼預設 80 通訊埠負責 HTTP 傳輸，443 通訊埠負責 HTTPS 傳輸。如果不使用 80 和 443 通訊埠，就需要一個大於 1023 的通訊埠編號。

4. 路徑

URL 中影響應用程式的第一個組成部分通常是路徑，路徑是應用中的頁面或其他資源的唯一標識。

5. 查詢字串

查詢字串是一種鍵值對集合，是可選的，它以問號（?）開頭，鍵值對則以與號（&）分隔開。所有的名稱和值都必須使用 URL 編碼，JavaScript 提供了一個嵌入式的函式 encodeURIComponent 來處理。

6. 資訊片段

資訊片段被嚴格限制在瀏覽器中使用，不會傳遞到伺服器，用它控制單頁應用或 Ajax 富應用越來越普遍。最初，資訊片段只是用來讓瀏覽器展現文件中透過錨點標記指定的部分。

5.2.2 HTTP 請求方法

HTTP 是超文字傳輸協定，其定義了使用者端和伺服器端之間文字傳輸的規範。根據 HTTP 標準，HTTP 可以使用多種請求方法，在 HTTP 1.0 版本中定義了三種請求方法，分別是 GET、POST、HEAD 方法。到了 HTTP 1.1 版本中新增了六種請求方法，分別是 OPTIONS、PUT、PATCH、DELETE、TRACE 和 CONNECT 方法。

1. GET 請求

請求指定的頁面資訊，並傳回實體主體。

2. POST 請求

向指定資源提交資料進行處理請求（例如提交表單或上傳檔案）。資料被包含在請求本體中。POST 請求可能會導致新的資源的建立和（或）已有資源的修改。

3. HEAD 請求

類似於 GET 請求，只不過傳回的回應中沒有具體的內容，用於獲取標頭。

4. PUT 請求

從使用者端向伺服器傳送的資料取代指定的文件內容。

5. DELETE 請求

請求伺服器刪除指定的頁面。

6. CONNECT 請求

HTTP 1.1 協定中預留給能夠將連接改為管道方式的代理伺服器。

7. OPTIONS 請求

允許使用者端查看伺服器的性能。

8. TRACE 請求

回應伺服器收到的請求，主要用於測試或診斷。

9. PATCH 請求

是對 PUT 方法的補充，用來對已知資源進行局部更新。

5.2.3 請求標頭

在瀏覽網頁時，發送到伺服器的並不只是 URL，當造訪一個網站時，瀏覽器會發送很多資料資訊，這些資訊包含使用者的裝置資訊，如瀏覽器、作業系統、硬體裝置等，還包含一些其他資訊。所有這些使用者資訊都將作為請求標頭發送給伺服器。在伺服器端也可以查看瀏覽器發送過來的這些資訊，以 Express 為例，可以在路由的函式中獲取到這些資訊。範例程式如下。

```
app.get('/headers', function(req, res) {
    res.set('Content-Type', 'text/plain');
    var s = '';
    for (var name in req.headers) s += name + ': ' + req.headers[name] + '\n';
    res.send(s);
});
```

5.2.4 回應標頭

瀏覽器以請求標頭的形式發送使用者資訊到伺服器，當伺服器回應時，同樣會回傳一些瀏覽器沒有必要繪製和顯示的資訊，通常是中繼資料和伺服器資訊。內容類型標頭資訊，用來告訴瀏覽器正在被傳輸的內容類型，瀏覽器都根據內容類型來做進一步處理。除了內容類型之外，標頭還會指出回應資訊是否被壓縮，以及使用的是哪種編碼。回應標頭還可以包含關於瀏覽器對資源快取時長的提示，這對於最佳化網站是非常重要的。回應標頭還經常會包含一些關於伺服器的資訊，一般會指出伺服器的類型，有時甚至會包含作業系統的詳細資訊。

向瀏覽器傳回伺服器資訊存在著一定的風險，會給駭客留下可乘之機，從而使網站陷入危險。對安全要求比較高的伺服器需要忽略這些資訊，甚至提供虛假的資訊。以 Express 為例，如果要禁用 X-Powered-By 標頭資訊，可以使用下面的程式。

```
app.disable('x-powered-by');
```

在瀏覽器開發者工具中可以找到回應標頭資訊。舉例來說，在 Chrome 瀏覽器中查看回應標頭資訊可以在開發者工具中的 Network 專欄中查看。

5.2.5 請求本體

除了請求標頭外，請求還需要一個主體，一般 GET 請求沒有主體內容，但是 POST 請求是有的。POST 請求主體最常見的媒體類型是 application/x-www-form-urlendcoded，是鍵值對集合的簡單編碼，用 & 符號分隔。如果 POST 請求需要支援檔案上傳，則媒體類型是 multipart/form-data，它是一種更為複雜的格式。最後是 Ajax 請求，它可以使用 application/json。

5.2.6 參數

對於任何一個請求，參數可以來自查詢字串、請求的 Cookies、請求本體或指定的路由參數。在 Node 應用中，請求物件的參數方法會重寫所有的參數。

5.2.7 請求物件

請求物件通常會被傳遞到回呼方法中，對於請求物件的形式參數，會被命名為 req 或 request。請求物件的生命週期始於 Node 的核心物件 http.

IncomingMessage 的實例。在 Express 中增加了一些新的功能，請求物件的屬性和方法除了 Node 提供的 req.headers 和 req.url 之外，所有的方法都是由 Express 提供的。

req.params：包含命名過的路由參數。

req.param(name)：傳回命名的路由參數，或 GET 請求或 POST 請求參數。

req.query：包含以鍵值對存放的查詢字串參數（通常稱為 GET 請求參數）。

req.body：包含 POST 請求參數。

req.route：關於當前匹配路由的資訊，主要用於路由偵錯。

req.cookies：包含從使用者端傳遞過來的 Cookies 值。

req.singnedCookies：用法與 req.cookies 相同。

req.headers：從使用者端接收到的請求標頭。

req.accepts([types])：用來確定使用者端是否接受一個或一組指定的類型。

req.ip：使用者端的 IP 位址。

req.path：請求路徑（不包含協定、主機、通訊埠或查詢字串）。

req.host：用來傳回使用者端所報告的主機名稱。

req.xhr：如果請求由 Ajax 發起將傳回 true。

req.protocol：用於標識請求的協定（HTTP 或 HTTPS）。

req.secure：如果連接是安全的，將傳回 true。等於 req.protocol=== 'https'。

req.url：傳回了路徑和查詢字串（它們不包含協定、主機或通訊埠）。

req.originalUrl：傳回了路徑和查詢字串，但會保留原始請求和查詢字串。

req.acceptedLanguages：用來傳回使用者端首選的一組語言。

5.2.8 回應物件

回應物件通常會被傳遞到回呼函式中，作為回呼函式的形式參數，會被命名為 res、resp 或 response。回應物件的生命週期始於 Node 核心物件 http.ServerResponse 的實例。Express 中增加了一些附加功能，回應物件的屬性和方法都是由 Express 提供的。

res.status(code)：用於設定 HTTP 狀態碼。Express 預設為 200。

res.set(name,value)：用於設定回應標頭。

res.cookie(name,value,[options])：用於設定使用者端 Cookies 值。

res.clearCookie(name,[options])：用於清除使用者端 Cookies 值。

res.redirect([status],url)：重新導向瀏覽器。預設重新導向程式是 302。

res.send([status],body)：用於向使用者端發送回應及可選的狀態碼。

res.json([status],json)：向使用者端發送 JSON 以及可選的狀態碼。

res.jsonp([status],json)：向使用者端發送 JSONP 及可選的狀態碼。

res.type(type)：用於設定 Content-Type 標頭資訊。

res.format(object)：該方法允許根據接收請求標頭發送不同的內容。

res.attachment([filename])：將回應標頭 Content-Disposition 設定為 attachment。

res.download(path,[filename],[callback])：會將回應標頭 Content-Disposition 設為 attachment，可以指定要下載的檔案。

res.sendFile(path,[option],[callback])：根據路徑讀取指定檔案並將內容發送到使用者端。

res.links(links)：用於設定連結回應標頭。

res.locals：包含用於繪製視圖的預設上下文。

res.render(view,[locals],callback)：使用設定的範本引擎繪製視圖，預設回應程式為 200。

第 6 章

Express 框架

6.1 Express 框架簡介

Express 是一個基於 Node.js 平台的快速、開放、極簡的 Web 開發框架，為 Web 和行動應用程式提供一組強大的功能。

1. 極簡

極簡是 Express 最大的特點之一，Express 的哲學是在人的想法和伺服器之間充當一個極其簡單的中間層。簡單並不表示不夠穩固，Express 具有高可用的特性，而且盡可能地以開發者為中心，為開發者提供充分表達自己思想的空間，同時提供一些有用的特性。

2. 開放

Express 框架的另外一個特點就是可擴充性。Express 提供了一個非常精簡的框架，開發者可以根據自己的需求增加 Express 功能中的不同部分，替換掉不能滿足需求的部分。這種特性是其他很多框架所不具備的，大部分的情況下，使用一個 Web 框架，還沒有寫一行程式，僅是設定檔就已經讓整個專案顯得很臃腫了。在 Web 程式的開發過程中，最想做的就是把不需要的功能砍掉。Express 則採取了截然不同的方式，讓使用者在需要時才去增加對應的功能。

TJ Holowaychuk 在 Sinatra 的啟發下建立了 Express 框架，而 Sinatra 是一個基於 Ruby 建構的框架。所以，Express 也是參考 Ruby 的優勢，讓 Web 開發變得更快、更高效、更可維護，並衍生了大量的 Web 開發方式。

6.2 Express 框架安裝與設定

6.2.1 安裝 Express

Express 是基於 Node.js 的 Web 框架，官網為 http://expressjs.com/。Express 很輕巧，通常用來做 Web 後端的開發。在使用之前需要先安裝 Express 模組，可以直接使用 npm 的命令進行安裝。安裝命令如下。

```
npm install express
```

Express 模組安裝好之後，在電腦硬碟上建立一個檔案，例如 D:/project/myapp/index.js，在檔案中引入 express 模組，範例程式如下。

```
// 引入 express 模組
var express = require('express');

// 建立 express 實例
var app = express();

// 回應 HTTP 的 GET 方法
app.get('/', function (req, res) {
  res.send('Hello World!');
});

// 監聽到 3000 通訊埠
app.listen(3000, function () {
  console.log('server run success!');
});
```

在 index.js 所在的目錄下啟動命令列工具，並執行下面的命令來啟動服務，命令如下。

```
node index.js
```

在瀏覽器中存取 http://localhost:3000/，效果如圖 6.1 所示。

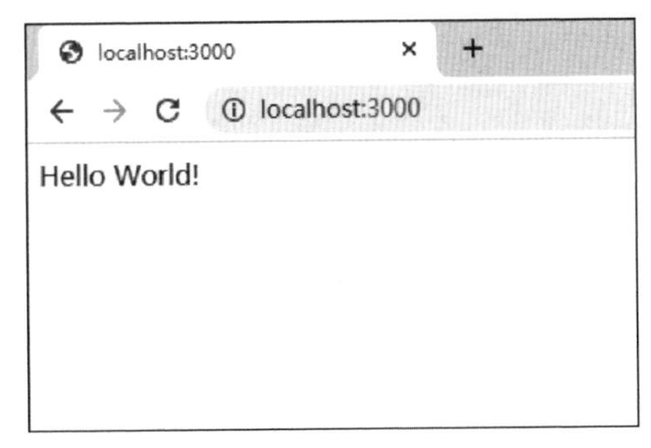

▲ 圖 6.1 瀏覽器中存取的效果

express 模組有一個命令列工具 express，可以用來生成基於 express 模組的 Web 應用結構。express 4.x 之後的版本，express 命令就被獨立出來了，被放到了 express-generator 模組中。全域安裝 express-generator 模組的命令如下。

```
npm install -g express-generator
```

安裝完成後，就可以使用 express 命令來建立一個 Web 專案了。在專案的根目錄下啟動命令列工具，執行下面的命令。

```
express myapp
```

命令執行成功的效果如圖 6.2 所示。

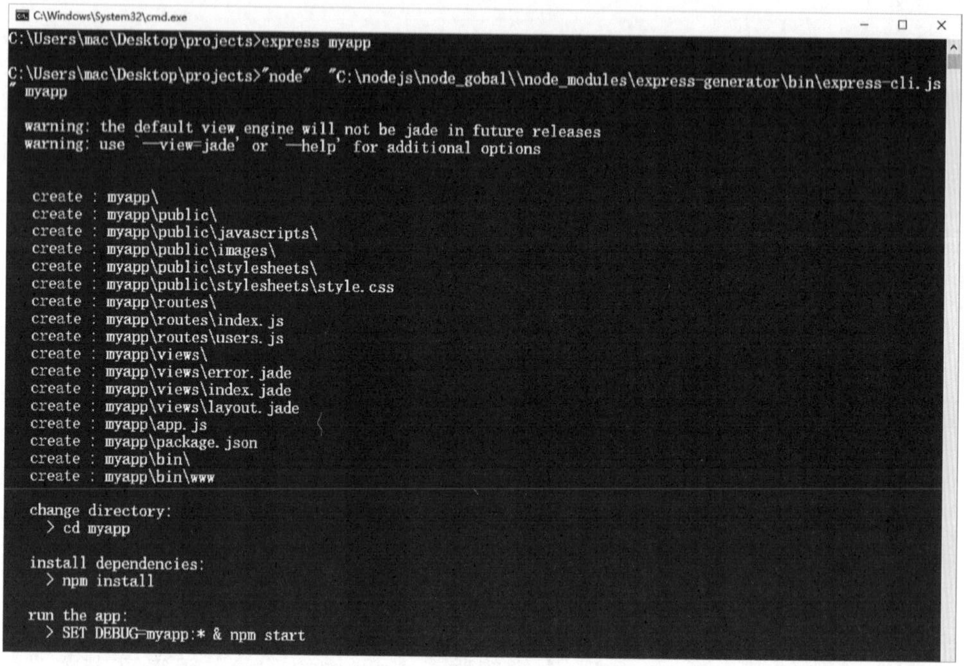

```
C:\Windows\System32\cmd.exe
C:\Users\mac\Desktop\projects>express myapp

C:\Users\mac\Desktop\projects>"node"  "C:\nodejs\node_gobal\\node_modules\express-generator\bin\express-cli.js
" myapp

  warning: the default view engine will not be jade in future releases
  warning: use `--view=jade' or `--help' for additional options


   create : myapp\
   create : myapp\public\
   create : myapp\public\javascripts\
   create : myapp\public\images\
   create : myapp\public\stylesheets\
   create : myapp\public\stylesheets\style.css
   create : myapp\routes\
   create : myapp\routes\index.js
   create : myapp\routes\users.js
   create : myapp\views\
   create : myapp\views\error.jade
   create : myapp\views\index.jade
   create : myapp\views\layout.jade
   create : myapp\app.js
   create : myapp\package.json
   create : myapp\bin\
   create : myapp\bin\www

   change directory:
     > cd myapp

   install dependencies:
     > npm install

   run the app:
     > SET DEBUG=myapp:* & npm start
```

▲ 圖 6.2 建立 myapp 專案

依次執行下面兩個命令。

```
# 切換到專案目錄
cd myapp

# 初始化相依
npm install

# 啟動伺服器
npm start
```

伺服器啟動成功後，在瀏覽器中存取 http://localhost:3000/，效果如圖 6.3 所示。

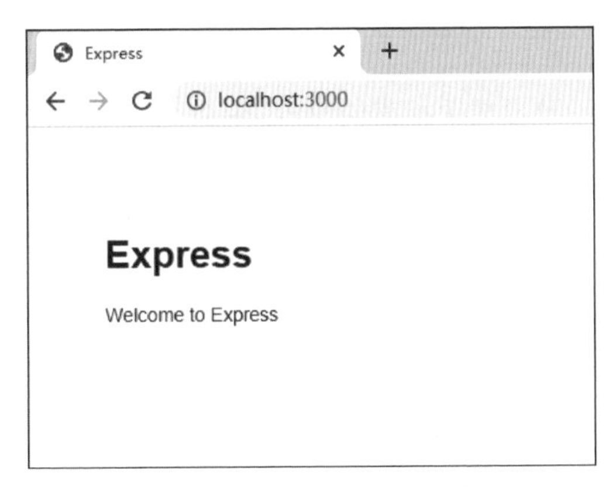

▲ 圖 6.3 Express 專案首頁

6.2.2 Express 目錄結構

Node 和 Express 沒有嚴格的檔案和目錄結構，可以用喜歡的目錄結構架設自己的 Web 應用。在專案中，不同的目錄負責不同的業務，要儘量使用 MVC 的設計模式。使用 express 命令建立的專案，目錄結構如圖 6.4 所示。

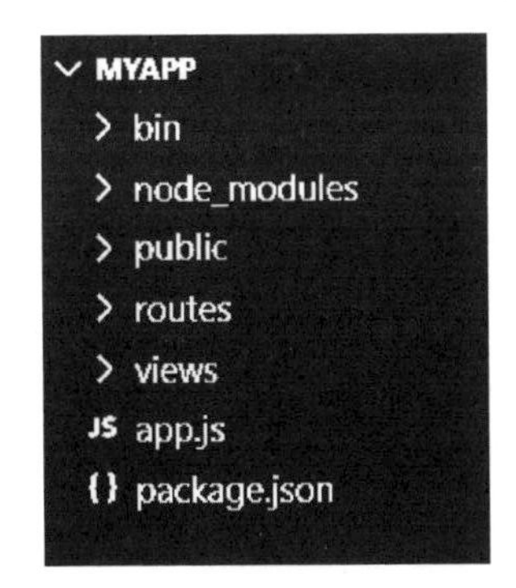

▲ 圖 6.4 Express 專案結構

專案的目錄結構說明如下。

bin：管理啟動專案的指令檔。

mode_modules：管理所有的專案相依函式庫。

public：用於管理靜態資源的資料夾。

routes：用於管理路由檔案，相當於 MVC 中的 Controller。

views：用於管理分頁檔，相當於 MVC 中的 view。

package.json：專案相依設定及開發者資訊。

app.js：應用核心設定檔，專案入口檔案。

6.2.3 Express 的路由管理

路由是用於確定應用程式如何回應對特定端點的使用者端設備請求，包含一個 URI（或路徑）和一個特定的 HTTP 請求方法。每個路由可以具有一個或多個處理常式函式，這些函式在路由匹配時執行。Express 中定義路由的語法如下。

```
app.METHOD(PATH, HANDLER)
```

其中，app 是 express 的實例；METHOD 是 HTTP 請求方法；PATH 是伺服器上的路徑；HANDLER 是在路由匹配時執行的函式。

下面舉例說明如何定義簡單的路由，範例程式如下。

```
//get 請求
app.get('/', function (req, res) {
  res.send('Hello World!');
});

//post 請求
app.post('/', function (req, res) {
  res.send('Got a POST request');
});

//put 請求
app.put('/user', function (req, res) {
  res.send('Got a PUT request at /user');
});

//delete 請求
app.delete('/user', function (req, res) {
```

```
  res.send('Got a DELETE request at /user');
});
```

6.2.4 Express 的視圖管理

Express 支援很多範本引擎，其中最常用的有以下幾個。

（1） 嵌入 JavaScript 範本引擎 EJS。

（2） 基於 haml.js 實現的 Haml。

（3） Jade 範本引擎，也是 Express 預設的範本引擎。

（4） 基於 CoffeeScript 的範本引擎 CoffeeKup。

視圖引擎（view engine）作為程式設計術語，其主要意思是指進行視圖繪製的模組。而 Express 框架並沒有指定必須使用哪種視圖引擎，只要該視圖引擎的設計符合 Express API 規範，就可以將其應用到專案中。

在本節中以 EJS 為例，來看一下 Express 視圖引擎的繪製過程。先在專案的路由中使用 render() 方法繪製視圖，範例程式如下。

```
var express = require("express");
var path = require("path");
var app = express();

app.set("view engine", "ejs");

app.set("views", path.resolve(__dirname, "views"));

app.get("/", function(req, res) {
    res.render("index");
});

app.listen(3000);
```

在執行上面的程式之前，需要透過 npm install 安裝 EJS 和 Express，在安裝完成後存取應用首頁，程式就會尋找 views/index.ejs 檔案並使用 EJS 範本引擎對其進行繪製。另外，專案中一般都只會使用一種視圖引擎，因為多個引擎會給專案帶來不必要的複雜性。

Express 在每次呼叫 render() 方法時，都會建立上下文物件，並且在進行繪製時會傳入到視圖引擎中。實際上，這些上下文物件就是會在視圖中使用到的變數。Express 首先會將所有請求都公用的 app.local 物件中已存在的屬性增加到視圖中。然後增加 res.locals 中的屬性並對可能與 app.local 衝突的屬性進行覆蓋操作。最後，增加 render 呼叫處的屬性並且也可能進行覆蓋操作。舉例來說，存取 /about 路徑時，上下文物件就包含三個屬性：appname、userAgent、currentUser；存取 /contact 路徑時，上下文物件的屬性就只有 appname、userAgent；而進行 404 處理時，上下文物件的屬性就變成了 appname、userAgent、urlAttempted。

EJS 是 Express 中最簡單也是最受歡迎的視圖引擎之一。它可以為字串、HTML、純文字建立範本，而且它的整合也非常簡單。它在瀏覽器和 Node 環境中都能正常執行。它與 Ruby 中的 ERB 語法非常類似。

6.3 Express 中介軟體

6.3.1 中介軟體的概念

中介軟體是一種處理 HTTP 請求功能的封裝方式。簡單來說，中介軟體就是一個函式，在回應發送之前對請求進行一些操作。在 Express 應用中，透過呼叫 app.use() 方法向路由中插入中介軟體。中介軟體有三個參數，分別是請求物件、回應物件、next 函式。中介軟體函式的第三個參數 next 也是一個函式，它表示函式陣列中的下一個函式。範例程式如下。

```
function middleware(req,res,next){
    // 做該幹的事
```

```
    // 做完後呼叫下一個函式
    next();
}
```

express 內部維護一個函式陣列，這個函式陣列表示在發出回應之前要執行的所有函式，也就是中介軟體陣列。使用 app.use(fn) 方法，傳進來的 fn 就會被扔到這個陣列中，執行完畢後呼叫 next() 方法執行函式陣列裡的下一個函式，如果沒有呼叫 next() 的話，就不會呼叫下一個函式了，也就是說呼叫就會被終止。

6.3.2 Express 中介軟體的使用

可以把整個 HTTP 請求的過程看作一個水管送水的過程，中介軟體就是在管道中執行的。水從一端的水泵中流出，然後在到達水龍頭之前還會經過各種儀表和閥門，如果把壓力錶放在閥門之前或之後，效果是不同的。同樣地，如果在某個閥門處注入一些其他原料，那下游的所有水體中都含有這種新的原料。在 Express 中透過呼叫 app.use() 方法向路由中插入中介軟體，就類似在閥門處注入新原料的過程。

中介軟體和路由是按它們的連接順序呼叫的，範例程式如下。

```
/**
 * express 中介軟體的實現和執行順序
 *
 * Created by BadWaka on 2017/3/6.
 */
var express = require('express');

var app = express();
app.listen(3000, function () {
    console.log('listen 3000...');
});

function middlewareA(req, res, next){
    console.log('middlewareA before next()');
    next();
```

```
    console.log('middlewareA after next()');
}

function middlewareB(req, res, next){
    console.log('middlewareB before next()');
    next();
    console.log('middlewareB after next()');
}

function middlewareC(req, res, next){
    console.log('middlewareC before next()');
    next();
    console.log('middlewareC after next()');
}

app.use(middlewareA);
app.use(middlewareB);
app.use(middlewareC);
```

上面程式執行後的結果如圖 6.5 所示。

```
middlewareA before next()
middlewareB before next()
middlewareC before next()
middlewareC after next()
middlewareB after next()
middlewareA after next()
```

▲ 圖 6.5 中介軟體執行結果

透過上面的程式範例，可以看到在執行完下一個函式後又會回到之前的函式執行 next() 之後的部分，這也是中介軟體的特性。

6.3.3 自訂 Express 中介軟體

在了解了 Express 中介軟體的概念以及 app.use() 方法的用法之後，來自己實現一個簡單的中介軟體。範例程式如下。

```
var http = require('http');

function express(){

    var funcs = [];
    var app = function (req, res){
        var i = 0;

        function next(){
            var task = funcs[i++];
            if (!task){
                return;
            }
            task(req, res, next);
        }

        next();
    }

    //use 方法就是把函式增加到函式陣列中
    app.use = function (task){
        funcs.push(task);
    }

    return app;
}

// 測試中介軟體
var app = express();
http.createServer(app).listen('3000', function () {
    console.log('listening 3000....');
});

function middlewareA(req, res, next){
    console.log('middlewareA before next()');
    next();
    console.log('middlewareA after next()');
}
```

```
function middlewareB(req, res, next){
    console.log('middlewareB before next()');
    next();
    console.log('middlewareB after next()');
}

function middlewareC(req, res, next){
    console.log('middlewareC before next()');
    next();
    console.log('middlewareC after next()');
}

app.use(middlewareA);
app.use(middlewareB);
app.use(middlewareC);
```

上面程式的執行結果如圖 6.6 所示。

```
middlewareA before next()
middlewareB before next()
middlewareC before next()
middlewareC after next()
middlewareB after next()
middlewareA after next()
```

▲ 圖 6.6 自訂中介軟體執行結果

在上面的範例程式中用到了兩個閉包，並且給 app 這個函式增加了一個 use 方法，當每次呼叫 use 方法時，就把傳進來的函式放到 express 內部維護的函式陣列中。

6.3.4 常用的中介軟體

在 Express 4.0 之前，Express 中綁定了 Connect，其中包含大部分常用的中介軟體，看起來這些中介軟體就像是 Express 的一部分。到 Express 4.0，Connect 從 Express 中移除了，隨著這個改變，一些 Connect 中介軟體也從 Connect 中分離出來成為一個獨立的專案。從 Express 中剝離中介軟體可以讓

Express 不用再維護那麼多的相依項，並且這些獨立的專案可以獨立於 Express 而自行發展。常用的中介軟體如下。

basicAuth，提供基本的存取授權。

body-parser，用於連入 json 和 urlencoded 的便利中介軟體。

json，解析 JSON 編碼的請求本體。

urlencoded，解析媒體類型為 application/x-www-form-urlencoded 的請求本體。

compress，用 gzip 壓縮回應資料。

cookie-session，提供 Cookie 儲存的階段支援。

express-session，提供階段 ID 的階段支援。

csurf，防止跨域請求偽造（CSRF）攻擊。

directory，提供靜態檔案的目錄清單支援。

errorhandler，為使用者端提供堆疊追蹤和錯誤訊息。

static-favicon，提供 favicon 圖示的顯示，使用該中介軟體可以提升性能。

morgan，提供自動記錄檔記錄支援，所有請求都會被記錄。

method-override，提供對 x-http-method-override 請求標頭的支援。

query，解析查詢字串，並將其變成請求物件上的 query 屬性。

response-time，向回應中增加 X-Response-Time 標頭，提供以 ms 為單位的回應時間。

static，提供對靜態檔案的支援。

6.4 Express 中的 MVC

6.4.1 MVC 概述

MVC 是 Model（模型）、View（視圖）、Controller（控制）三個單字的字首縮寫，MVC 模式是一種架構模式，這種模式不僅適用於軟體開發，也適用於其他廣泛的設計和組織工作。

MVC 模式從結構上看，分為以下三層。

（1） 視圖層（View），是最上面的一層，直接面向終端使用者，提供給使用者操作介面。

（2） 資料層（Model），最底下的一層，也是最核心的一層，是程式需要操作的資料或資訊。

（3） 控制層（Controller），是中間的一層，負責根據使用者從“視圖層”輸入的指令，選取“資料層”中的資料，然後對其進行對應的操作，產生最終結果。

這三層是緊密聯繫在一起的，但又相互獨立，每一層內部的變化不影響其他層。每一層對外提供介面，以供上一層呼叫。這樣一來，軟體就可以實現模組化，修改外觀或變更資料都不用修改其他層，做到了很好的解耦，提高了程式的可維護性和可擴充性。

6.4.2 模型

模型在整個專案結構中是最重要的組成部分，也是專案的基石。在開發過程中，應該盡可能地避免其他層的程式對模型層造成損壞，即使你覺得模型層是多餘的存在，也千萬不能忽略模型的重要性。

在理想的狀態下，模型和持久層是可以完全分開的，但是在實際的開發中，模型層對持久層有很強的依賴性，如果強行分開的話，會造成無法預知的後果。

本節使用 mongoose 來定義模型，在專案中建立 models 的子目錄用來存放模型。只要是關於實現業務邏輯或是要儲存資料，都應該在 models 目錄下的子檔案中完成。舉例來說，把使用者資料和邏輯放在檔案 models/customer.js 中。範例程式如下。

```
var mongoose = require('mongoose');
var Orders = require('./orders.js');
var customerSchema = mongoose.Schema({
    firstName: String,
    lastName: String,
    email: String,
    address1: String,
    address2: String,
    city: String,
    state: String,
    zip: String,
    phone: String,
    salesNotes: [{
            date: Date,
            salespersonId: Number,
            notes: String,
    }]
});
customerSchema.methods.getOrders = function(){
    return Orders.find({
            customerId: this._id
    });
};
var Customer = mongoose.model('Customer', customerSchema);
modules.export = Customer;
```

6.4.3 視圖模型

可以建立視圖層，然後將模型的資料直接傳遞給視圖，但是這種操作會很容易讓模型中的資料曝露給使用者。可以建立視圖模型，視圖模型算是視圖層和模型層的中間層，有了視圖模型可以更進一步地保持模型層的抽象性，同時還能為視圖提供資料。

舉例來說，專案中有個 Customer 模型用於儲存使用者資訊，需要再建立一個用於展示使用者資訊的視圖層，如果是直接使用 Customer 模型的話，會出現一系列的問題。如果有一些資訊不適合在視圖層中展示出來，並且還要對郵寄位址或電話號碼等資料進行格式化操作，這時的 Customer 模型就不太好用了。需要在 viewModels/customer.js 中建立一個視圖模型。範例程式如下。

```
var Customer = require('../model/customer.js'); // 聯合各域的輔助函式
function smartJoin(arr, separator){
    if (!separator) separator = ' ';
    return arr.filter(function(elt) {
            return elt !== undefined && elt !== null &&
elt.toString().trim() !== '';
    }).join(separator);
}
module.exports = function(customerId){
    var customer = Customer.findById(customerId);
    if (!customer) return {
            error: 'Unknown customer ID: ' + req.params.customerId
    };
    var orders = customer.getOrders().map(function(order) {
            return {
                    orderNumber: order.orderNumber,
                    date: order.date,
                    status: order.status,
                    url: '/orders/' + order.orderNumber
            }
});
return {
            firstName: customer.firstName,
            lastName: customer.lastName,
            name: smartJoin([customer.firstName, customer.lastName]),
            email: customer.email,
            address1: customer.address1,
            address2: customer.address2,
            city: customer.city,
            state: customer.state,
            zip: customer.zip,
```

```
            fullAddress: smartJoin([customer.address1, customer.address2,
customer.city + ', ' + customer.state + ' ' + customer.zip], '<br>'),
            phone: customer.phone,
            orders: customer.getOrders().map(function(order) {
                    return {
                            orderNumber: order.orderNumber,
                            date: order.date,
                            status: order.status,
                            url: '/orders/' + order.orderNumber,
                    }
            }),
    }
}
```

在上面的範例程式中，可以看到是如何格式化一些資訊的，甚至重新構造了額外的資訊。視圖模型的概念對於保護模型的完整性和範圍是必不可少的。

6.4.4 控制器

控制層負責處理使用者互動，並且根據使用者互動選擇恰當的視圖來顯示。控制器看起來很像請求路由，它們之間唯一的區別是控制器會把相關功能歸組。舉例來說，一個處理使用者資訊的控制器，主要功能是顯示和編輯使用者資訊，也包括使用者下的訂單。建立控制器 controller/customer.js 檔案，範例程式如下。

```
var Customer = require('../models/customer.js');
var customerViewModel = require('../viewModels/customer.js');
exports ={
    registerRoutes: function(app) {
            app.get('/customer/:id', this.home);
            app.get('/customer/:id/preferences', this.preferences);
            app.get('/orders/:id', this.orders);
            app.post('/customer/:id/update', this.ajaxUpdate);
    }
    home: function(req, res, next) {
            var customer = Customer.findById(req.params.id);
            if (!customer) return next(); // 將這個傳給 404 處理器
res.render('customer/home', customerViewModel(customer)); }preferences: function(req,
res, next) {
```

```
            var customer = Customer.findById(req.params.id);
            if (!customer) return next(); // 將這個傳給 404 處理器
res.render('customer/preferences', customerViewModel(customer)); }orders:
function(req, res, next) {
            var customer = Customer.findById(req.params.id);
            if (!customer) return next(); // 將這個傳給 404 處理器
res.render('customer/preferences', customerViewModel(customer)); }ajaxUpdate:
function(req, res) {
            var customer = Customer.findById(req.params.id);
            if (!customer) return res.json({
                    error: 'Invalid ID.'
            });
            if (req.body.firstName) {
                    if (typeof req.body.firstName !== 'string' || req.body.firstName.
trim() === '')
                    return res.json({error: 'Invalid name.'});
                    customer.firstName = req.body.firstName;
             }
             customer.save();
             return res.json({
                    success: true
             });
    }
}
```

在這個控制器中，將路由管理和真正的功能分開了。程式中的 home、preferences、orders 方法除了所選的視圖不同，其他都是一樣的。在 Express 專案中，控制器處理的業務邏輯是和路由分開的，這樣寫的程式會更加嚴謹。

第 7 章

靜態資源

7.1 網站中的靜態資源

7.1.1 什麼是靜態資源

在學習靜態資源之前，先來探討一個問題，什麼是靜態網站和動態網站？

靜態網站是最初的建站方式，瀏覽者所看到的每個頁面都是建站者上傳到伺服器的 HTML 檔案，這種網站每增加、刪除、修改一個頁面，都必須重新對伺服器的檔案進行一次下載上傳。網頁內容一經發佈到網站伺服器上，無論是否有使用者造訪，每個靜態網頁的內容都是儲存在網站伺服器上的，也就是説，靜態網頁是實實在在儲存在伺服器上的檔案，每個網頁都是一個獨立的檔案。靜態網頁沒有資料庫的支援，在網站製作和維護方面工作量較大，因此當網站資訊量很大時，完全依靠靜態網頁製作的方式來架設網站會顯得比較困難。

靜態網站可以視為前端的固定頁面，這裡面包含 HTML 檔案、CSS 檔案、JavaScript 檔案、圖片等，不需要查資料庫也不需要程式處理，直接就能夠顯示頁面，如果想修改內容則必須修改頁面。雖然操作起來很繁瑣，但是這種靜態網站的存取效率是非常高的。

了解過靜態網站之後，再來看一下什麼是動態網站。所謂“動態”，並不是指網頁上簡單的 GIF 動態圖片或是 Flash 動畫。動態網站的概念現在還沒有統一標準，但都具備以下幾個基本特徵。

（1） 互動性：網頁會根據使用者的要求和選擇而動態地改變和回應，瀏覽器作為使用者端，成為一個動態交流的橋樑，動態網頁的互動性也是今後 Web 發展的潮流。

（2） 資料自動更新：即無須手動更新 HTML 檔案，頁面中的內容也可以實現自動更新，可以大大節省工作量。

（3） 即時動態更新：即當不同時間、不同使用者存取同一網址時會出現不同頁面。

動態網站在頁面裡巢狀結構了程式，這種網站對更新較快的資訊頁面進行內容與形式的分離，將資訊內容以記錄的形式存入了網站的資料庫中，以便於網站各個頁面的呼叫。這樣，使用者看到的頁面不一定是伺服器上的靜態 HTML 檔案，可能是透過資料庫查詢到的資料，然後繪製到網頁中的。

動態與靜態的根本區別在於伺服器端執行狀態不同。

網站中的靜態資源是指應用程式不會基於每個請求而去改變的資源。常見的靜態資源有以下幾種。

（1） 多媒體，包括圖片、影片、音訊檔案。

（2） CSS 樣式檔案，即使使用 Sass/Less 或 Stylus 這樣的抽象 CSS 語言，最後瀏覽器需要的還是普通 CSS。

（3） JavaScript 指令檔，伺服器端執行的 JavaScript 檔案並不同於使用者端瀏覽器中的 JavaScript 指令檔，使用者端 JavaScript 指令檔是靜態資源。

（4） 二進位下載檔案，包括 PDF、壓縮檔、安裝檔案等類似的資源檔。

在上面的靜態資源中沒有 HTML 檔案，雖然在專案的實際開發中，也會使用類似於 .html 作為 URL 的結尾，但是更多的時候使用這種 URL 是為了便於搜尋引擎抓取而做的一種偽靜態操作。所以，這裡沒有把 HTML 檔案作為靜態資源檔來討論。

7.1.2 靜態資源對性能的影響

在 Web 應用程式開發中，如何處理靜態資源檔對應用程式的性能有很大的影響，特別是網站中有很多多媒體檔案時。在性能上主要考慮兩點：減少請求次數和縮減內容的大小。

其中，減少 HTTP 請求的次數最為關鍵，特別是對行動端來說，透過行動裝置發起一次 HTTP 請求：對性能的消耗會比較高。有兩種方法可以減少 HTTP 請求的次數：合併資源和瀏覽器快取。

合併資源主要是架構和前端問題，要盡可能多地將小圖片合併到一個子畫面中。然後用 CSS 設定偏移量和尺寸只顯示圖片中需要展示的部分。

瀏覽器快取會在使用者端瀏覽器中儲存通用的靜態資源，這對減少 HTTP 請求提供了很好的幫助。儘管瀏覽器做了很大努力讓快取盡可能自動化，但很難做到極致的完美。

還有一種性能最佳化的方式，就是透過壓縮靜態資源的大小來提升性能。有些技術是無損的壓縮，意思是不遺失任何資料就可以實現資源大小的縮減；有些技術是有損的，透過降低靜態資源的品質實現資源大小的縮減。無損技術包括 JavaScript 和 CSS 的縮小化，以及 PNG 圖片的最佳化。有損技術包括增加 JPEG 和影片的壓縮等級。

7.2 Web 應用中的靜態資源

把 Web 應用部署到生產環境後，靜態資源必須放在伺服器端的本機硬碟中，如果有過靜態網站開發經歷，應該很好理解 HTML 靜態檔案部署到伺服器的過程。在啟動 Node 或 Express 伺服器時，會提供所有的 HTML 和靜態資源，如果想讓伺服器性能提升到最佳狀態，要儘量將靜態資源託管給內容發佈網路 CDN。CDN 是專門為提供靜態資源而最佳化的伺服器，它利用特殊的標頭資訊啟動瀏覽器快取。另外，CDN 還能基於地理位置進行最佳化，也就是說，它們可以從地理位置上更接近使用者端的伺服器發佈靜態內容。

7.2.1 靜態映射

在撰寫 HTML 時，沒有必要關注靜態資源存放的位置，更多的是要關心靜態資源的邏輯組織，也就是映射的問題。要把不太具體的路徑映射到更具體的路徑上面，開發者可以很方便地修改這種映射。

舉個例子，把所有的靜態資源的查詢路徑都以斜線開頭，映射器需要用幾種不同的檔案，所以要進行模組化。範例程式如下。

```
var baseUrl = '';
exports.map = function(name){
        return baseUrl + name;
}
```

在上面的範例程式中什麼都沒有做，只是將參數直接傳回，透過這種模組化的操作，可以從設定檔中讀取 baseURL 的值。

7.2.2 視圖中的靜態資源

視圖中的靜態資源最容易處理，可以建立一個 Handlebars 輔助函式，讓它舉出一個到靜態資源的連結。範例程式如下。

```
// 設定 handlebars 視圖引擎
var handlebars = require('express3-handlebars').create({
    defaultLayout: 'main',
    helpers: {
            static: function(name) {
                    return require('./lib/static.js').map(name);
            }
    }
});
```

在上面的範例程式中，增加了一個 Handlebars 輔助函式 static，讓它呼叫靜態資源映射器。接下來修改 main.layout，在範本檔案中使用這個輔助函式來載入圖片，範例程式如下。

```
<header>
    <img src="{{static '/img/logo.jpg'}}" alt="Meadowlark Travel Logo">
</header>
```

啟動專案後在瀏覽器中存取網站，根本看不出有什麼不同，在檢查程式時，會看到圖片的路徑為 /img/meadowlark_logo.jpg，跟之前預期的一樣。接下來會花些時間把視圖和範本中所有對靜態資源的引用都做成這種形式，修改完之後就可以把 HTML 中的所有靜態資源都挪到 CDN 上。

7.2.3 CSS 中的靜態資源

CSS 要稍微複雜點，因為 Handlebars 範本引擎中不支援生成 CSS。然而像 Less、Sass 和 Stylus 這樣的 CSS 前置處理器都支援變數，在這三個流行的前置處理器中，以 Less 為例，實現為頁面增加背景圖，範例程式如下。

```
body{
    background-image: url("/img/background.png");
}
```

Less 是向後相容 CSS 的，所以整個程式看起來和 CSS 很像，任何有效的 CSS 程式都可以作為 Less 程式。需要把 CSS 檔案挪到 Less 中，這裡需要使用 Grunt 模組完成編譯。安裝 Grunt 模組的命令如下。

```
npm install --save-dev grunt-contrib-less
```

然後修改 Gruntfile.js。將 grunt-contrib-less 增加到 Grunt 任務列表中載入，然後將下面的程式增加到 grunt.initConfig 中，範例程式如下。

```
less:{
    development: {
            files: {
                    'public/css/main.css': 'less/main.less',
            }
    }
}
```

執行 grunt less 命令，執行成功後就會看到 CSS 檔案了。把它鏈入版面配置檔案，在 <head> 中增加以下程式。

```
<!-- … -->
<link rel="stylesheet" href="{{static /css/main.css}}">
</head>
```

在程式中使用 static 輔助函式，雖然這不能解決生成的 CSS 檔案中連結到 /img/ background.png 的問題，但它確實給 CSS 檔案本身建立了可重定位的連結。

現在框架已經搭建好了，接下來要讓 CSS 檔案中用的 URL 也可重定位。首先將靜態映射器作為 Less 的訂製函式。這些都可以在 Gruntfile.js 中完成，範例程式如下。

```
less:{
    development: {
            options: {
                customFunctions: {
                    static: function(lessObject, name) {
                        return '
url("'+require('./lib/static.js').map(name.value)+'")';
                    }
                }
            }
            ,
            files: {
                    'public/css/main.css': 'less/main.less',
            }
    }
}
```

注意，給映射器的輸出增加了標準的 CSS URL 指定器和雙引號，這可以確保 CSS 是有效的。現在只需修改 Less 檔案 less/main.less，範例程式如下。

```
body{
    background-image: static("/img/background.png");
}
```

注意，真正的改變只是 URL 變成了 static。

7.3 架設靜態資源伺服器

7.3.1 什麼是靜態資源伺服器

靜態資源就是不會被伺服器的動態執行所改變的檔案，在伺服器開始執行之前到伺服器執行結束之後，靜態資源檔的狀態不會發生任何改變，舉例來說，.js 檔案，.css 檔案，.html 檔案，這些都是靜態資源。靜態資源伺服器就是為使用者端提供靜態資源存取功能的伺服器程式。

7.3.2 使用 Node 架設靜態資源伺服器

有 Express 框架使用經驗的讀者都知道，在專案中使用 express.static() 可以實現靜態資源檔的存取，範例程式如下。

```
app.use(express.static('public'))
```

在本節中要實現的是 express.static() 方法背後的工作原理。

首先，實現基本的功能。在本機硬碟上建立一個 nodejs-static-webserver 目錄，在目錄內執行 npm init 初始化一個 package.json 檔案。

```
mkdir nodejs-static-webserver && cd "$_"

//initialize package.json
npm init
```

接下來，再建立以下檔案目錄。

```
-- config
---- default.json
-- static-server.js
-- app.js
```

default.js 中存放一些預設設定，如通訊埠編號、靜態檔案目錄 (root)、預設頁 (indexPage) 等。範例程式如下。

```
{
    "port": 8080,
    "root": "/Users/Public",
    "indexPage": "index.html"
}
```

在使用者端瀏覽器發送一個請求，例如 http://localhost:8080/，伺服器接收到請求後，如果根據 root 映射後得到的目錄內有 index.html，那麼就會根據預設設定向使用者端發回 index.html 檔案的內容。static-server.js 檔案的範例程式如下。

```
const http = require('http');
const path = require('path');
const config = require('./config/default');

class StaticServer{
    constructor(){
        this.port = config.port;
        this.root = config.root;
        this.indexPage = config.indexPage;
    }

    start(){
        http.createServer((req, res) => {
            const pathName = path.join(this.root, path.normalize(req.url));
            res.writeHead(200);
            res.end('Requeste path: ${pathName}');
        }).listen(this.port, err => {
            if (err){
                console.error(err);
                console.info('Failed to start server');
            } else {
                console.info('Server started on port ${this.port}');
            }
        });
```

```
    }
}

module.exports = StaticServer;
```

在這個模組檔案內宣告了一個 StaticServer 類別，並給其定義了 start 方法，在該方法區塊內，建立了一個 server 物件，監聽 request 事件，並將伺服器綁定到設定檔指定的通訊埠。在這個階段，對於任何請求都暫時不做區分，只簡單地傳回請求的檔案路徑。path 模組用來規範化連接和解析路徑，這樣就不用特意處理作業系統間的差異了。

app.js 檔案的範例程式如下。

```
const StaticServer = require('./static-server');

(new StaticServer()).start();
```

在這個檔案內呼叫上面的 static-server 模組，並建立一個 StaticServer 實例，呼叫其 start 方法，啟動了一個靜態資源伺服器。這個檔案後面不需要做其他修改，所有對靜態資源伺服器的完善都發生在 static-server.js 內。

在專案目錄下執行 node app.js 命令啟動程式，啟動成功後會在主控台看到以下記錄檔內容。

```
> node app.js

Server started on port 8080
```

在瀏覽器中存取，就可以看到伺服器將請求路徑直接傳回了。

讀取檔案之前，要用 fs.stat() 方法檢測檔案是否存在，如果檔案不存在，則回呼函式會接收到錯誤，發送 404 回應。範例程式如下。

```
respondNotFound(req, res){
    res.writeHead(404, {
    'Content-Type': 'text/html'
    });
```

```
    res.end('<h1>Not Found</h1><p>The requested URL ${req.url} was not found on this
server.</p>');
}

respondFile(pathName, req, res){
    const readStream = fs.createReadStream(pathName);
    readStream.pipe(res);
}

routeHandler(pathName, req, res){
    fs.stat(pathName, (err, stat) => {
        if (!err) {
                this.respondFile(pathName, req, res);
        } else {
                this.respondNotFound(req, res);
        }
    });
}
```

讀取檔案，這裡用的是串流的形式 createReadStream 而非 readFile，因為後者會在得到完整檔案內容之前將其先讀到記憶體裡。這樣萬一檔案很大，再遇上多個請求同時存取，readFile 就承受不來了。使用檔案讀取串流，伺服器端不用等到資料完全載入到記憶體再發回給使用者端，而是一邊讀取一邊發送分塊響應。這時回應裡會包含以下回應標頭。

```
Transfer-Encoding:chunked
```

預設情況下，讀取串流結束時，寫入串流的 end() 方法會被呼叫。

現在替使用者端傳回檔案時，並沒有指定 Content-Type 標頭，雖然可能發現存取文字或圖片瀏覽器都可以正確顯示出文字或圖片，但這並不符合規範。需要手動實現 MIME 的設定，在根目錄下建立 mime.js 檔案，範例程式如下。

```
const path = require('path');

const mimeTypes ={
    "css": "text/css",
    "gif": "image/gif",
```

```
    "html": "text/html",
    "ico": "image/x-icon",
    "jpeg": "image/jpeg",
    ...
};

const lookup = (pathName) =>{
    let ext = path.extname(pathName);
    ext = ext.split('.').pop();
    return mimeTypes[ext] || mimeTypes['txt'];
}

module.exports ={
    lookup
};
```

該模組曝露出一個 lookup 方法，可以根據路徑名稱傳回正確的類型，類型以 'type/subtype' 表示。對於未知的類型，按普通文字處理。

接著在 static-server.js 中引入上面的 mime 模組，給傳回檔案的回應都加上正確的標頭欄位，範例程式如下。

```
respondFile(pathName, req, res){
    const readStream = fs.createReadStream(pathName);
    res.setHeader('Content-Type', mime.lookup(pathName));
    readStream.pipe(res);
}
```

第 8 章 Handlebars

8.1 範本引擎簡介

8.1.1 什麼是範本引擎

如果讀者有後端開發經驗，比如 PHP 開發，應該對範本不會太陌生。幾乎所有的主流開發語言都為了 Web 開發而增加了範本支援，而且範本引擎與開發語言之間實現了解耦。舉例來說，ASP 下有範本引擎，Java Web 下有範本引擎，PHP 下也有範本引擎，這些主流的開發語言在進行 Web 應用程式開發時，都會用到範本引擎技術。

Web 開發的範本引擎是為了讓使用者介面與業務資料分離而產生的，它可以生成特定格式的文件，用於網站的範本引擎就會生成一個標準的 HTML 檔案。使用範本引擎能夠大大提升開發效率，良好的設計也會使程式重用變得更加容易。

8.1.2 傳統 JavaScript 範本

在傳統的 Web 開發中，最常用的方法就是使用 JavaScript 生成一些 HTML 程式，範例程式如下。

```
document.write('<h1>Please Don\'t Do This</h1>');
document.write('<p><span class="code">document.write</span> is naughty,\n');
document.write('and should be avoided at all costs.</p>');
document.write('<p>Today\'s date is ' + new Date() + '.</p>');
```

在上面的程式中，使用 JavaScript 生成 HTML 的 DOM 元素並繪製到網頁中，這種操作看似並沒有什麼不妥，但是如果需要繪製的 DOM 非常多時，或繪製的 DOM 結構比較複雜，這種繪製的效率是非常低的。

舉例來說，有一段 500 行的程式需要使用 document.write() 進行繪製，這會讓程式的可讀性變得極差。在大量的 JavaScript 程式中混合 HTML 的標籤，會讓程式結構變得很混亂，而且已經習慣了在 <script> 標籤中只寫入 JavaScript 的程式，使用 JavaScript 生成的 HTML 造成很多的問題。

（1）需要不斷地考慮哪些字元需要逸出以及如何逸出。

（2）如果 HTML 程式中包含 JavaScript 的程式，則有可能會造成編譯錯誤。

（3）在編輯器中無法使用語法配色顯示的特性。

（4）容易造成 HTML 程式的格式混亂。

（5）程式可讀性極差。

（6）不利於團隊開發。

使用範本引擎可以解決上面的所有問題，同時也讓插入動態資料成為可能。

8.1.3 如何選擇範本引擎

在 Node.js 的專案開發中，有很多範本引擎可供選擇，如何在許多範本引擎技術中選擇合適的，是一件令開發者很頭疼的事情。其實，選擇範本引擎大多情況下取決於使用者的需求。下面提供一些參考準則。

1. 範本引擎的性能

在專案開發中，開發效率是首先要考慮的問題，任何時候都不會希望網站的存取速度被拖慢。所以，範本引擎的性能對 Web 應用來說很重要。

2. 使用者端與伺服器端的相容

大多數的範本引擎都可以用在使用者端和伺服器端，如果需要在這兩端都使用範本，就需要選擇那些在前後端都表現優秀的範本引擎。

3. 抽象能力

使用範本引擎還需要程式的可讀性，舉例來說，不希望範本的程式中出現大量的尖括號，就可以選擇那些在 HTML 文字中使用大括號的範本引擎。

8.2 Handlebars 範本引擎

8.2.1 Handlebars 簡介

Handlebars 是一種簡單的範本語言，具有簡單的 JavaScript 繼承和容易掌握的語法。它使用範本和輸入物件來生成 HTML 或其他文字格式。Handlebars 範本看起來像常規的文字，但是它帶有嵌入式的 Handlebars 運算式。

範例程式如下。

```
<p>{{firstname}} {{lastname}}</p>
```

Handlebars 運算式是一個雙大括號“{{”，執行範本時，雙大括號中的運算式會被輸入物件中的值所替換。

8.2.2 Handlebars 的安裝

1. 使用 npm 或 yarn 安裝

Handlebars 引擎使用 JavaScript 語言撰寫，推薦使用 npm 或 yarn 來安裝，安裝命令如下。

```
npm install handlebars
# 或
yarn add handlebars
```

然後，可以透過 require 來使用 Handlebars。

```
const Handlebars = require("handlebars");
const template = Handlebars.compile("Name: {{name}}");
console.log(template({ name: "張三" }));
```

2. 下載 Handlebars

如果不是在生產環境下使用 Handlebars 範本引擎，只是用於開發環境的瀏覽器中編譯範本或快速入門，可以直接在 Handlebars 社區下載。下載網址為：https://s3.amazonaws.com/builds.handlebarsjs.com/handlebars-v4.7.6.js。

3. 使用 CDN 方式安裝

如果想快速測試 Handlebars，可以使用 CDN 的方式載入 Handlebars 並將其嵌入到 HTML 檔案中。範例程式如下。

```
<!-- Include Handlebars from a CDN -->
<script src="https://cdn.jsdelivr.net/npm/handlebars@latest/dist/handlebars.js"></
script>
<script>
  //compile the template
  var template = Handlebars.compile("Handlebars <b>{{doesWhat}}</b>");
  //execute the compiled template and print the output to the console
  console.log(template({ doesWhat: "rocks!" }));
</script>
```

8.2.3 Handlebars 的特性

1. 簡單的運算式

在前面章節中已經簡單介紹了範本引擎的運算式的語法，範例程式如下。

```
<p>{{firstname}} {{lastname}}</p>
```

在伺服器端程式中，為範本輸入物件，範例程式如下。

```
{
  firstname: "Yehuda",
  lastname: "Katz",
}
```

運算式將被對應的屬性替換，範例程式如下。

```
<p>Yehuda Katz</p>
```

2. 巢狀結構輸入物件

可以在輸入物件中包含其他物件或陣列，範例程式如下。

```
{
  person:{
    firstname: "Yehuda",
    lastname: "Katz",
  },
}
```

在這種情況下，可以使用點符號來存取巢狀結構屬性，範例程式如下。

```
{{person.firstname}} {{person.lastname}}
```

3. 計算上下文

Handlebars 範本引擎中內建了區塊幫手程式 with 和 each，允許更改當前程式區塊的值。

with 幫手程式注入物件的屬性中，讓使用者可以存取其屬性。輸入物件的範例程式如下。

```
{
  person:{
    firstname: "Yehuda",
    lastname: "Katz",
  }
}
```

範本引擎中使用 with 幫手程式，範例程式如下。

```
{{#with person}}
{{firstname}} {{lastname}}
{{/with}}
```

繪製後的結果為：Yehuda Katz。

each 幫手程式會迭代一個陣列，讓使用者可以透過 Handlebars 簡單存取每個物件的屬性運算式。物件宣告的範例程式如下。

```
{
  people:[
    "Yehuda Katz",
    "Alan Johnson",
    "Charles Jolley",
  ],
}
```

在範本引擎中使用 each 幫手程式，範例程式如下。

```
<ul class="people_list">
  {{#each people}}
    <li>{{this}}</li>
  {{/each}}
</ul>
```

繪製後的結果如下。

```
<ul class="people_list">
    <li>Yehuda Katz</li>
    <li>Alan Johnson</li>
    <li>Charles Jolley</li>
</ul>
```

4. HTML 逸出

因為最初設計 Handlebars 是用來生成 HTML 的，所以它會逸出由 {{expression}} 傳回的值。如果不想讓 Handlebars 逸出某個值，可以使用三重隱藏 “{{{” 。在輸入物件中使用了 HTML 的逸出字元，範例程式如下。

```
{
    name:"&lt;b&gt;Buttercup&lt;b&gt;"
}
```

在範本引擎中需要使用三重隱藏的運算式，範例程式如下。

```
<p>{{{name}}}</p>
```

使用三重大括號關閉 HTML 逸出的功能具有一些其他的重要用途。舉例來說，如果用 WYSIWYG 編輯器建立了一個 CMS 系統，使用者會希望向視圖層傳遞 HTML 文字是可行的。

8.3 Handlebars 的使用

使用範本引擎需要理解 context 上下文物件，當繪製一個範本時，會傳遞給範本引擎一個物件，叫作上下文物件，它能讓替換標識執行。舉例來說，上下文物件是 { name: 'Tom' }，範本是 <p>Hello, {{name}}!</p>，在範本中的 {{name}} 運算式會被 Tom 替換。

8.3.1 註釋

Handlebars 範本引擎中可以像其他語言一樣使用註釋，由於 Handlebars 程式中通常存在一定程度的邏輯，因此在開發時需要適當地增加註釋。註釋不會立即顯示輸出中，如果需要顯示註釋，可以使用 HTML 的註釋方式。

在 Handlebars 範本引擎的程式中，任何包含雙大括號或其他 Handlebars 標記的註釋都應該使用“{{!--}}”的語法。範例程式如下。

```
{{! This comment will not show up in the output}}
<!-- This comment will show up as HTML-comment -->
{{!-- This comment may contain mustaches like }} --}}
```

8.3.2 區塊級運算式

在一些複雜的業務邏輯操作中，需要使用區塊級運算式。區塊級運算式提供了流程控制、條件控制的語法。舉例來說，把一個結構比較複雜的物件作為上下文物件，範例程式如下。

```
{
    currency: {
        name: 'United States dollars',
        abbrev: 'USD',
    },
    tours: [{
        name: 'Hood River',
        price: '$99.95'
    }, {
        name: 'Oregon Coast',
        price,
        '$159.95'
    }, ],
    specialsUrl: '/january-specials',
    currencies: ['USD', 'GBP', 'BTC']
}
```

把上下文物件傳遞到 Handlebars 範本中，範例程式如下。

```
<ul>
    {{#each tours}} {{! I'm in a new block...and the context has changed }}
                <li>
                        {{name}} - {{price}} {{#if ../currencies}}
({{../../currency.abbrev}}) {{/if}}
                </li>
    {{/each}}
</ul>
{{#unless currencies}}
    <p>All prices in {{currency.name}}.</p>
{{/unless}} {{#if specialsUrl}} {{! I'm in a new block...but the context hasn't
changed (sortof) }}
    <p>Check out our <a href="{{specialsUrl}}">specials!</p>
{{else}}
    <p>Please check back often for specials.</p>
{{/if}}
<p>
    {{#each currencies}}
                <a href="#" class="currency">{{.}}</a>
    {{else}}Unfortunately, we currently only accept {{currency.name}}.
{{/each}}
</p>
```

上面這個範本看起來很複雜，先來分解一下。範本中使用了 each 幫手程式，可以對一個陣列進行遍歷。在 {{#each tours}} 和 {{/each tours}} 之間使用上下文物件，第一次迴圈，上下文物件變成了 { name: 'Hood River', price: '$99.95' }，第二次則變成了 { name: 'Oregon Coast', price: '$159.95' }。所以在這個區塊裡面可以看到 {{name}} 和 {{price}}。如果想要存取 currency 物件，就得使用 ../ 來存取上一級上下文。如果上下文屬性本身就是一個物件，可以直接存取它的屬性，如 {{currency. name}}。

8.3.3 伺服器端範本

伺服器端範本是將 HTML 的內容在伺服器端繪製完成後，再發送到使用者端。與使用者端範本不同，使用者端範本會將 HTML 原始檔案暴露給開發者，但是看不到伺服器端範本，也看不到最終生成 HTML 的上下文物件。

伺服器端範本除了隱藏實現細節，還支援範本快取，這對性能的提升很重要。範本引擎會快取已經編譯的範本，如果範本內容發生了改變，就會重新編譯和重新快取，透過這種方式可以提升範本視圖的性能。預設情況下，在開發模式下視圖快取會被禁用，在生產模式下自動啟用。如果想顯式地啟用視圖快取，可以透過設定實現，設定的範例程式如下。

```
app.set('view cache', true);
```

8.3.4 視圖和版面配置

視圖通常表現為網站上的各個頁面，也可以表現為頁面中 Ajax 局部載入的內容，或一封電子郵件，或頁面上的任何內容。預設情況下，Express 會在 views 子目錄中查詢視圖。版面配置是一種特殊的視圖，事實上，它是一個用於範本的範本。對一個 Web 應用來說，大部分頁面都包含相同的版面配置，舉例來說，頁面中必須有一個 <html> 元素和一個 <title> 元素，它們通常都會載入相同的 CSS 檔案，諸如此類。為了避免每個頁面中出現大量的程式容錯，可以使用版面配置來解決。先看一個基本的版面配置檔案，範例程式如下。

```
<!doctype>
<html>
    <head>
            <title>Meadowlark Travel</title>
            <link rel="stylesheet" href="/css/main.css">
    </head>
    <body>
            {{{body}}}
    </body>
</html>
```

在上面的程式中，使用運算式 {{{body}}} 告訴視圖引擎在哪裡繪製版面配置內容，因為視圖中可能包含 HTML 標籤，所以這裡使用了三重大括號，需要讓 Handlebars 去逸出 HTML 程式。

8.3.5 在 Express 中使用版面配置

在一個 Web 應用中，大部分頁面都會採用相同的版面配置，所以在每次繪製視圖時都為其指定一個版面配置是不合理的。在建立視圖引擎時，會指定一個預設的版面配置，範例程式如下。

```
var handlebars = require('express3-handlebars').create({ defaultLayout: 'main' });
```

預設情況下，Express 會在 views 子目錄中查詢視圖，在 views/layouts 下查詢版面配置。舉例來說，視圖所在的路徑為 views/foo.handlebars，那麼在 Express 的路由中可以直接查詢視圖檔案的名稱，範例程式如下。

```
app.get('/foo', function(req, res){
    res.render('foo');
});
```

上面程式中的視圖被繪製後，會使用 views/layouts/main.handlebars 作為版面配置，如果在開發中不想使用版面配置，可以在上下文中指定 layout: null，範例程式如下。

```
app.get('/foo', function(req, res){
    res.render('foo', {
            layout: null
    });
});
```

或，如果想使用一個不同的範本，可以指定範本名稱，範例程式如下。

```
app.get('/foo', function(req, res){
    res.render('foo', {
            layout: 'microsite' ,
    });
});
```

這樣就會使用版面配置 views/layouts/microsite.handlebars 來繪製視圖了。

8.3.6 使用者端 Handlebars

當在前端頁面發送 Ajax 請求，傳回的資料是 HTML 程式片段，並且在前端需要將這些程式片段進行動態繪製，就要使用 Handlebars 使用者端繪製技術了。在使用者端需要先載入 Handlebars 才能使用，可以使用 CDN 的方式，也可以直接將 Handlebars 放到靜態資源中引入。舉例來說，在 views 目錄下的範本視圖檔案中使用使用者端 Handlebars，範例程式如下。

```
{{#section 'head'}}
    <script src="//cdnjs.cloudflare.com/ajax/libs/handlebars.js/1.3.0/handlebars.min.
js">
</script>
{{/section}}
```

在視圖檔案中使用範本，一種方法是使用在 HTML 中已存在的元素，可以將它放在 <head> 中的 <script> 元素裡。範例程式如下。

```
{{#section 'head'}}
    <script src="//cdnjs.cloudflare.com/ajax/libs/handlebars.js/1.3.0/handlebars.min.
js">
</script>
    <script id="nurseryRhymeTemplate" type="text/x-handlebars-template">
            Marry had a little <b>\{{animal}}</b>, its <b>\{{bodyPart}}</b> was <b>\
{{adjective}}</b> as <b>\{{noun}}</b>.
</script>
{{/section}}
```

第 9 章 MongoDB 資料庫

本章介紹的是 MongoDB 資料庫相關的知識，其中包含 MongoDB 的概念、MongoDB 的設定安裝和 MongoDB 的實例應用。根據實例應用，實踐在 Node.js 專案中操作 MongoDB 的基類模組。閱讀本章後，希望讀者掌握 Node.js 和 MongoDB 資料庫連接，在應用程式開發中能夠靈活地使用 MongoDB 進行資料的管理。

MongoDB 資料庫簡介

9.1.1 什麼是資料庫

資料庫就是用來儲存資料的倉庫，可以將資料進行有序地分門別類地儲存。它是獨立於語言之外的軟體，可以透過 API 去操作它。常見的資料庫軟體有 MySQL、MongoDB、Oracle 等。那麼在軟體開發中，為什麼要使用資料庫呢？舉個生活中的例子，如果在某個電子商務 App 中購物，將商品加入購物車，那麼在該平台的 PC 端網頁中登入後，購物車中的商品還會有嗎？答案是肯定的，應用上的資料都是存到了資料庫。

9.1.2 資料庫的優點

使用資料庫具體有下面幾個好處。

（1）資料庫可以結構化儲存大量的資料資訊，方便使用者進行有效的檢索和存取。

（2）資料庫可以有效地保持資料資訊的一致性、完整性，降低資料容錯。

（3）資料庫可以滿足應用的共用和安全方面的要求，把資料放在資料庫中在很多情況下也是出於安全的考慮。

（4）資料庫技術能夠方便智慧化地分析，產生新的有用資訊。

9.1.3 MongoDB 資料庫重要概念

MongoDB 是一款文件導向的跨平台資料庫，具有高性能、高可用性、高擴充性等特點。簡單來說，資料庫的集合就是一個容器，每個資料庫都是在檔案系統中的一組檔案，一個 MongoDB 伺服器通常有多個資料庫。MongoDB 資料庫中有兩個重要的概念：集合（collection）與文件（document）。

1. 集合

集合就是一組 MongoDB 文件，它相當於關聯式資料庫中的表的概念。集合位於單獨的資料庫中，集合不能執行模式（Schema）。一個集合內的多個文件可以有多個不同的欄位。一般來說，集合中的文件都有著相同或相關的目的。

2. 文件

文件就是一組具有動態模式的鍵值對，在一個集合內的不同文件中，可以有不同的欄位或結構。

關聯式資料庫和 MongoDB 資料庫在術語上略有不同，如表 9.1 所示。

▼ 表 9.1 關聯式資料庫與 MongoDB 資料庫的術語對比

關聯式資料庫	MongoDB 資料庫
資料庫（database）	資料庫（database）
表（table）	集合（collection）
行（row）	記錄（record/doc）
列（column）	欄位（field）

9.2 MongoDB 資料庫環境架設

9.2.1 MongoDB 資料庫的下載與安裝

1. 在 Windows 平台安裝 MongoDB

在 Windows 上安裝 MongoDB，先要從官網上下載 MongoDB 的最新版本。根據 Windows 版本選擇正確的 MongoDB 版本。MongoDB 提供了可用於 32 位元和 64 位元系統的預編碼二進位套件，可以從 MongoDB 官網下載安裝，MongoDB 官網位址為 https://www.mongodb.com/try/download/community，效果如圖 9.1 所示。

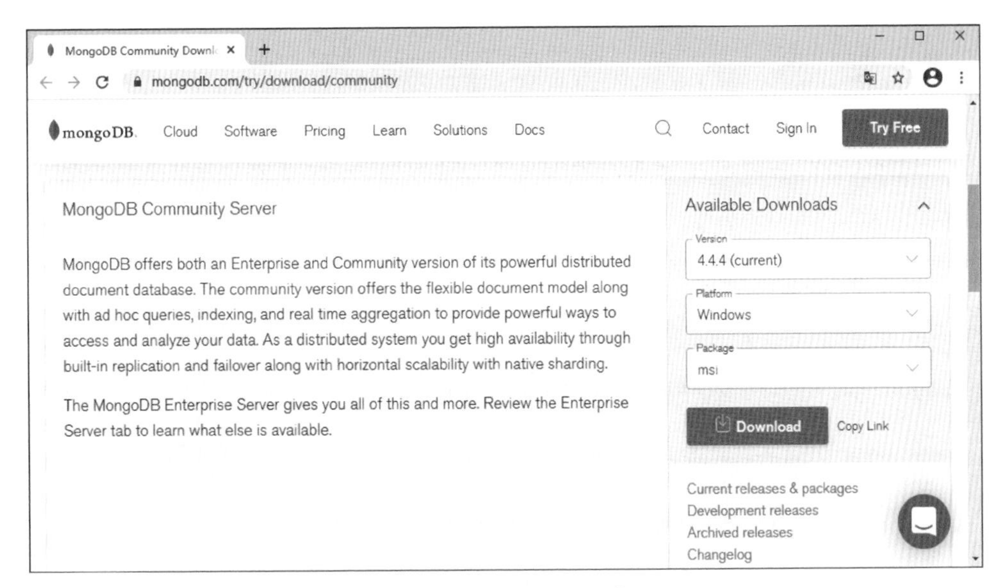

▲ 圖 9.1 MongoDB 下載頁面

在 MongoDB 下載頁面中，選擇 Windows 版本，安裝套件選擇 .msi 格式的檔案，然後點擊 Download 按鈕下載檔案。需要注意的是，在 MongoDB 2.2 版本後已經不再支援 Windows XP 系統了，最新版本也沒有了 32 位元系統的安裝檔案。

安裝套件檔案下載成功後，按兩下執行安裝檔案，按操作提示安裝即可。開啟安裝檔案後，會看到安裝類型的提示視窗，效果如圖 9.2 所示。

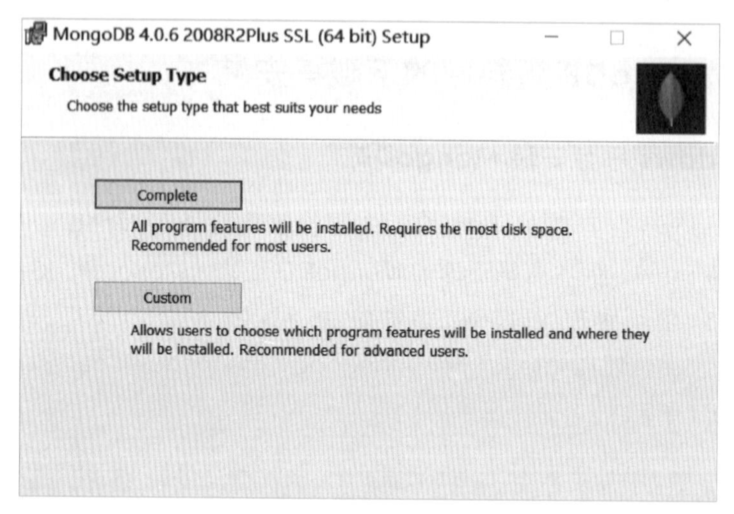

▲ 圖 9.2 選擇安裝類型

選擇 Complete 表示安裝到預設路徑，選擇 Custom 表示安裝到自訂路徑，此處可以選擇 Custom，然後再選擇需要安裝的目錄，例如 D:\Program Files\MongoDB\Server，效果如圖 9.3 所示。這一步選擇完成後點擊 Next 按鈕，進入下一步操作。

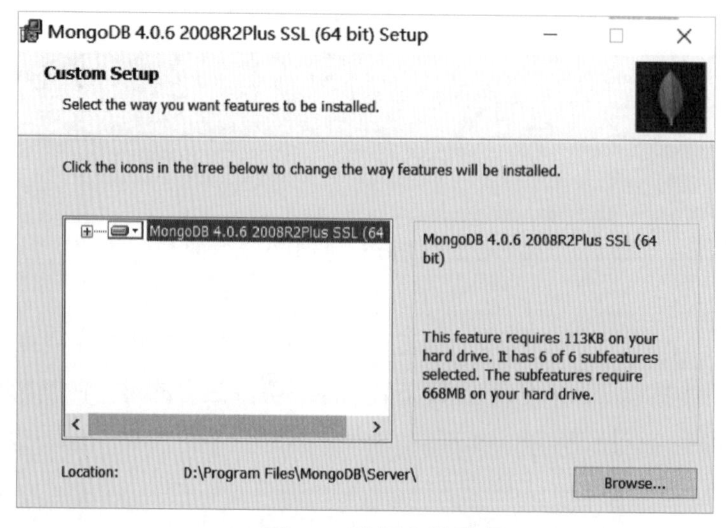

▲ 圖 9.3 選擇安裝路徑

進入到設定資料庫資訊頁面，效果如圖 9.4 所示。在該頁面中選取 Install MongoDB as a Service 核取方塊，可以建立資料庫和記錄檔的路徑目錄。也可以在安裝成功後的資料夾中建立，然後點擊 Next 按鈕進入下一步。

▲ 圖 9.4 建立資料庫並設定記錄檔目錄

完成上面的操作後，後續操作直接點擊 Next 按鈕即可，直到安裝結束。安裝成功後，開啟 MongoDB 的本機安裝目錄，結構如圖 9.5 所示。

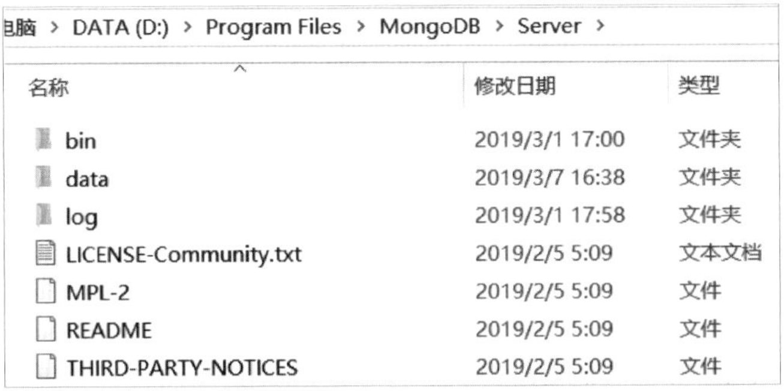

▲ 圖 9.5 MongoDB 安裝目錄

2. 在 Linux 平台安裝 MongoDB

MongoDB 也提供了 Linux 各個發行版本 64 位元的安裝套件，可以在官網上選擇 Linux 系統，並下載對應版本的安裝套件，如果是在有系統介面的 Linux 系統上，可以登入官網下載 MongoDB 安裝檔案。

MongoDB 官網下載 MongoDB，位址為 https://www.mongodb.com/try/download/community，官網下載效果如圖 9.6 所示。

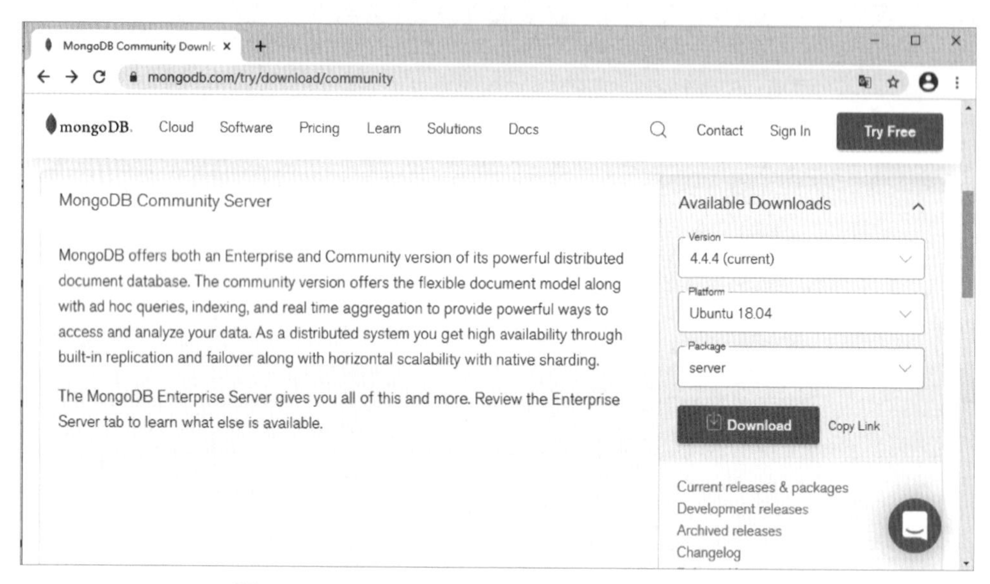

▲ 圖 9.6 Ubuntu Linux 系統版 MongoDB 下載頁面

如果是使用命令下載 MongoDB，可以使用 wget 命令。在 Linux 平台上需要下載的是 .tgz 格式的壓縮檔，下載完成後，需要先對檔案進行解壓，舉例來說，在 64 位元 Linux 作業系統上，執行命令如下。

```
# 下載
wget https://fastdl.mongodb.org/linux/mongodb-linux-x86_64-ubuntu1604-4.2.8.tgz

# 解壓
tar -zxvf mongodb-linux-x86_64-ubuntu1604-4.2.8.tgz
# 將解壓套件複製到指定目錄
mv mongodb-src-r4.2.8/usr/local/mongodb4
```

MongoDB 的可執行檔位於 bin 目錄下，所以可以將其增加到 PATH 路徑中，執行命令如下。

```
export PATH=<mongodb-install-directory>/bin:$PATH
```

在上面命令中，<mongodb-install-directory> 是 MongoDB 的安裝路徑。

3. 在 macOS 平台安裝 MongoDB

在 macOS 平台上可以使用 brew 命令安裝 MongoDB，執行命令如下。

```
brew tap mongodb/brew
brew install mongodb-community@4.4
```

“@” 符號後面的是版本編號，上面命令中使用的是 4.4 版本。

安裝命令執行成功後，還可以使用 brew 命令來啟動 MongoDB 服務，執行命令如下。

```
#brew 啟動
brew services start mongodb-community@4.4

#brew 停止
brew services stop mongodb-community@4.4
```

除了使用 brew 的方式安裝 MongoDB，還可使用 MongoDB 提供的 OSX 平台上 64 位元的安裝套件，可到官網上下載。效果如圖 9.7 所示。

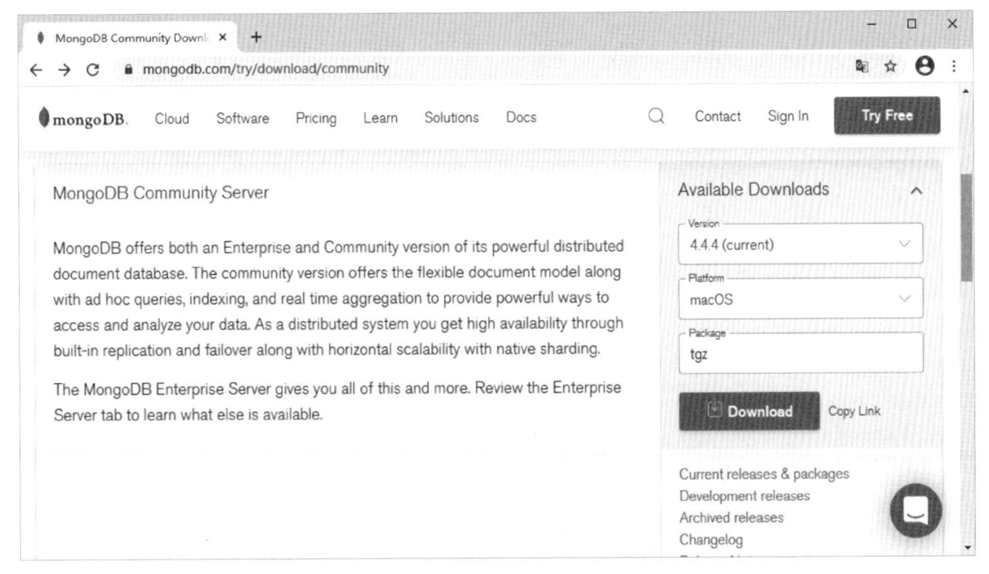

▲ 圖 9.7 macOS 系統版本 MongoDB 安裝套件

9.2.2 MongoDB Compass 視覺化工具

MongoDB 資料庫的靈活模式和豐富的文件結構，為資料庫開發提供了非常便捷的操作，性能表現也很優秀。但是，這種文件結構在開發過程中使用 MongoDB Shell 進行查詢來查看資料，操作起來並不方便，資料的可讀性也很差。如果想要更加直觀地查看資料的結構，可以使用 MongoDB Compass 資料視覺化工具。

MongoDB 3.2 版本之後引入了 MongoDB Compass 圖形化工具，這是一款 MongoDB 圖形化使用者介面工具（GUI），以視覺化的方式查看資料，可以實現資料的 CRUD 操作。

MongoDB Compass 官方下載網址為 https://www.mongodb.com/try/download/compass，在瀏覽器中開啟下載網址，選擇需要的版本，點擊 Download 按鈕進行下載。效果如圖 9.8 所示。

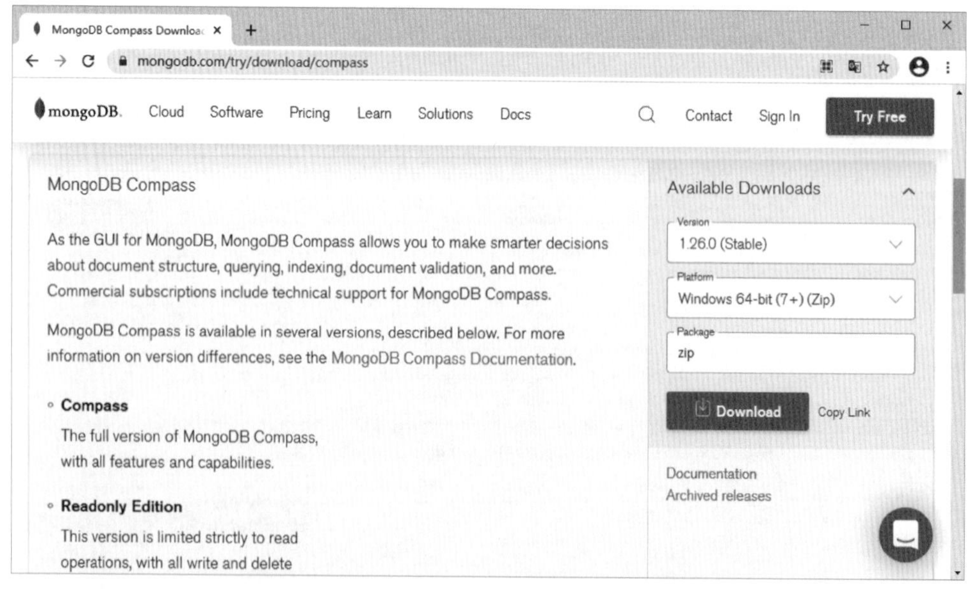

▲ 圖 9.8 MongoDB Compass 下載頁面

安裝檔案下載成功後，按兩下開啟安裝檔案，按照提示內容操作，直到軟體安裝完成。安裝成功後，執行 MongoDB Compass 軟體，介面效果如圖 9.9 所示。

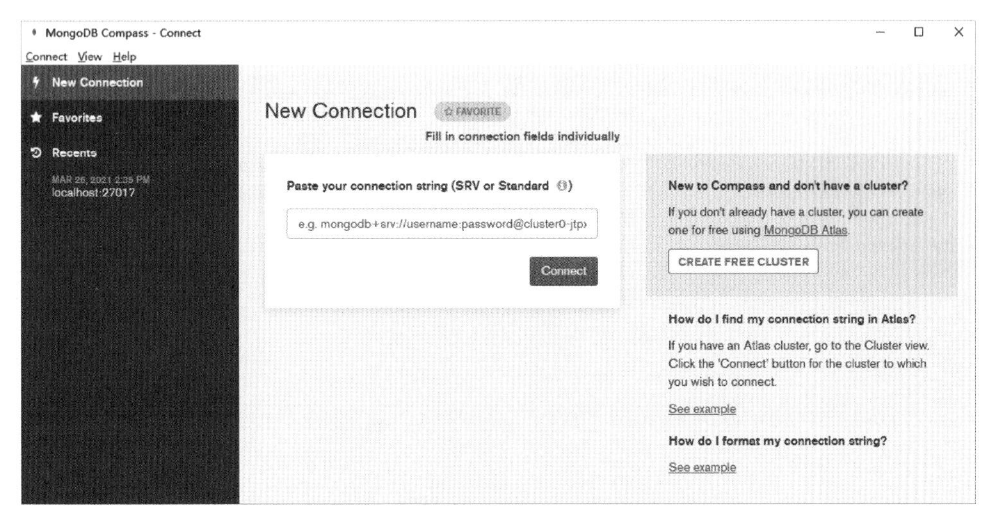

▲ 圖 9.9 MongoDB Compass 軟體介面

9.2.3 啟動 MongoDB 服務

在 Windows 系統下安裝好 MongoDB 後，服務會自動啟動，如果 MongoDB 服務沒有成功啟動，可以按照下面的方法進行啟動。

開啟命令列視窗，切換到 MongoDB 安裝目錄下的 bin 目錄中，然後在該目錄下輸入啟動服務的命令。執行命令如下。

```
mongodb.exe --logpath E:\software\MongoDB\data\log\mongodb.log --logappend --dbpath E:\
software\MongoDB\data --directoryperdb --serviceName MongoDB --install
```

執行上面的命令，如果沒有顯示出錯，證明命令執行成功。然後開啟工作管理員，即可查看服務是否已經正常啟動。效果如圖 9.10 所示。

名称	描述	状态	启动类型	登录为
Microsoft App-V Client	Manages App-V users an...		禁用	本地系统
Microsoft iSCSI Initiator Service	管理从这台计算机到远程 iS...		手动	本地系统
Microsoft Passport	为用于对用户关联的标识提...		手动(触发器启动)	本地系统
Microsoft Passport Container	管理用于针对标识提供者及 ...		手动(触发器启动)	本地服务
Microsoft Software Shadow Copy Provider	管理卷影复制服务制作的基...		手动	本地系统
Microsoft Storage Spaces SMP	Microsoft 存储空间管理提...		手动	网络服务
Microsoft Windows SMS 路由器服务。	根据规则将消息路由到相应...		手动(触发器启动)	本地系统
MongoDB Server (MongoDB)	MongoDB Database Serv...	正在运行	自动	网络服务
Net.Tcp Port Sharing Service	提供通过 net.tcp 协议共享 ...		禁用	本地服务
Netlogon	为用户和服务身份验证维护...		手动	本地系统
Network Connected Devices Auto-Setup	网络连接设备自动安装服务...		手动(触发器启动)	本地服务
Network Connection Broker	允许 Windows 应用商店应...	正在运行	手动(触发器启动)	本地系统
Network Connections	管理"网络和拨号连接"文件...		手动	本地系统
Network Connectivity Assistant	提供 UI 组件的 DirectAcce...		手动(触发器启动)	本地系统
Network List Service	识别计算机已连接的网络，...	正在运行	手动	本地服务
Network Location Awareness	收集和存储网络的配置信息...	正在运行	自动	网络服务

▲ 圖 9.10 工作管理員介面

如果沒有成功開啟 MongoDB 服務，可以以管理員身份執行 cmd，再重新執行上面的命令。

9.3 mongoose 模組

9.3.1 mongoose 模組簡介

mongoose.js 是一個為 Node.js 提供的操作 MongoDB 資料庫的協力廠商模組，對 Node.js 原生的 MongoDB 模組進行最佳化和封裝，並提供了更多的功能。在大多數情況下，mongoose.js 被用來把結構化的模型應用到一個 MongoDB 集合中，並提供了驗證和類型轉換的功能。

mongoose 的好處如下。

（1）可以為文件建立一個模式結構（Schema）。

（2）可以對模型中的物件 / 文件進行驗證。

（3）資料可以透過類型轉為物件模型。

（4）可以使用中介軟體來增強處理業務邏輯的能力。

（5）比 Node 原生的 MongoDB 驅動更容易。

mongoose 提供了幾個用於管理資料和操作資料的物件，包括：

（1）Schema 物件，定義約束了資料庫中的文件結構。

（2）Model 物件，作為集合中的所有文件的表示，相當於 MongoDB 資料庫中的集合 collection Document。

（3）Document 物件，表示集合中的具體文件，相當於集合中的具體的文件。

9.3.2 Schema 模式物件

MongoDB 資料庫中的集合在 mongoose 程式中以 Schema 模式物件進行表示，模式物件中的屬性和屬性類型，對應的是資料庫集合中的欄位和欄位類型。簡單來說，模式就是對文件的一種約束，有了模式，文件中的欄位必須符合模式的規定，否則就不能正常操作。

對於在模式中的每個欄位，都需要定義一個特定的數值型態，模式中支援的數值型態如下。

（1）String。

（2）Number。

（3）Boolean。

（4）Array。

（5）Buffer。

（6）Date。

（7）ObjectId。

（8）Mixed。

在模式物件中需要透過 mongoose 的 Schema 屬性來建立，這個屬性是一個建構函式。語法如下。

```
new Schema(definition,option)
```

在實例化 Schema 物件的構造方法中，definition 參數是用於描述模式的標識；options 參數是設定物件，用於定義與資料庫中集合的欄位和欄位類型，從而實現模式與集合的互動。

options 參數常用的選項如下。

autoIndex：布林值，開啟自動索引，預設值為 true。

bufferCommands：布林值，快取由於連接問題無法執行的敘述，預設值為 true。

capped：集合中最大文件數量。

collection：指定 Schema 的集合名稱。

id：布林值，是否有應用於 _id 的 id 處理器，預設值為 true。

_id：布林值，是否自動分配 id 欄位，預設值為 true。

strict：布林值，不符合 Schema 的物件不會被插入資料庫中，預設值為 true。

舉例來說，在資料庫中建立了系統使用者的集合 Users，Schema 模式物件中要定義與 Users 集合欄位一一對應的屬性，範例程式如下。

```
var mongoose = require('mongoose');

// 系統使用者模組
var usersSchema = new mongoose.Schema({
    username: String,
    pwd: String
})
var User = mongoose.model('users', usersSchema)
```

9.3.3 Model 模型物件

Schema 模式物件定義完成後，就需要透過該 Schema 模式物件來建立 Model 物件。Model 物件會自動和資料庫中對應的集合建立連接，並且要確保當應用中的資料發生更改時，與之對應的集合已經被建立，而且具有正確的索引，透過 Model 完成對資料庫集合的 CRUD 操作。

建立 Model 模型物件需要使用 mongoose.model() 方法，語法如下。

```
model(name, [schema], [collection] , [skipInit])
```

model() 方法的參數分別如下。

name 參數相當於模型的名字，以後可以透過 name 找到模型。

schema 表示建立好的模式物件。

collection 表示要連接的集合名稱。

skipInit 表示是否跳過初始化，預設值是 false。

一旦把一個 Schema 物件編譯成一個 Model 物件，就可以直接使用 Model 物件提供的方法對文件進行增加、刪除、更新、查詢等操作了。

Model 物件提供的方法如下。

remove(conditions, callback)

deleteOne(conditions, callback)

deleteMany(conditions, callback)

find(conditions, projection, options, callback)

findById(id, projection, options, callback)

findOne(conditions, projection, options, callback)

count(conditions, callback)

create(doc, callback)

update(conditions, doc, options, callback)

9.3.4 Document 文件物件

透過 Model 對資料庫進行查詢時，會傳回 Document 物件或 Document 物件陣列。Document 繼承自 Model，代表一個集合中的文件，使用該物件也可以直接操作資料庫。

Document 物件的方法如下。

equals(doc)

id

get(path,[type])

set(path,value,[type])

update(update,[options],[callback])

save([callback])、*remove([callback])*

isNew、*isInit(path)*

toJSON()

toObject()

9.4 MongoDB 模組

MongoDB 是一種文件導向資料庫管理系統，由 C++ 撰寫而成。本節介紹如何在 Node.js 專案中使用 mongoose 來連接 MongoDB 資料庫，並對資料庫進行 CRUD 操作。

在使用 mongoose 之前，先要安裝模組，執行命令如下。

```
npm install mongoose
```

接下來，使用 mongoose 模組連接資料庫。

9.4.1 連接資料庫

要在 MongoDB 中建立一個資料庫，例如 laochen。如果資料庫不存在，MongoDB 將建立資料庫並建立連接。使用 mongoose.connect() 方法建立資料庫連接。範例程式如下。

```
var MongoClient = require('mongodb').MongoClient;
var url = "mongodb://localhost:27017/laochen";

MongoClient.connect(url, { useNewUrlParser: true }, function(err, db) {
  if (err) throw err;
  console.log(" 資料庫已建立 !");
  db.close();
});
```

useNewUrlParser 是使用最新的 URL 解析器，避免 MongoDB 報警告錯誤。

9.4.2 建立集合

使用 createCollection() 方法來建立集合。範例程式如下。

```
var MongoClient = require('mongodb').MongoClient;
var url = 'mongodb://localhost:27017/';
MongoClient.connect(url, { useNewUrlParser: true }, function (err, db) {
    if (err) throw err;
    console.log(' 資料庫已建立 ');
    var dbase = db.db("laochen");
    dbase.createCollection('site', function (err, res) {
        if (err) throw err;
        console.log(" 建立集合 !");
        db.close();
    });
});
```

9.4.3 資料庫操作

與 MySQL 不同的是，MongoDB 會自動建立資料庫和集合，所以使用前不需要手動去建立。接下來實現增刪改查功能。

1. 插入資料

以下實例中，連接資料庫中系統使用者的表 Users，並使用 insertOne() 方法插入一筆資料，範例程式如下。

```
var MongoClient = require('mongodb').MongoClient;
var url = "mongodb://localhost:27017/";

MongoClient.connect(url, { useNewUrlParser: true }, function(err, db) {
    if (err) throw err;
    var dbo = db.db("laochen");
    var myobj = { name: "張三",sex: "男",like:['打球','唱歌','寫程式'] };
    dbo.collection("user").insertOne(myobj, function(err, res) {
        if (err) throw err;
        console.log("使用者增加成功");
        db.close();
    });
});
```

執行以下命令輸出的結果如下。

```
$ node test.js
文件插入成功
```

從輸出結果來看，資料已插入成功。

也可以開啟 MongoDB 的使用者端查看資料，結果如下。

```
> show dbs
laochen 0.000GB          #自動建立了 laochen 資料庫
> show tables
site                     #自動建立了 user 集合(資料表)
> db.user.find()
```

在批次插入操作中，可以使用 insertMany() 方法一次插入多筆資料。範例程式如下。

```
var MongoClient = require('mongodb').MongoClient;
var url = "mongodb://localhost:27017/";

MongoClient.connect(url, { useNewUrlParser: true }, function(err, db) {
    if (err) throw err;
    var dbo = db.db("user");
    var myobj =[
        { name: "張三",sex: "男",like:['唱'，'跳','寫程式']},
        { name: "李四",sex: "男",like:['唱'，'跳','吃零食']},
        { name: "王五",sex: "男",like:['唱'，'跳','旅遊']},
       ];
    dbo.collection("user").insertMany(myobj, function(err, res) {
        if (err) throw err;
        console.log("插入的文件數量為：" + res.insertedCount);
        db.close();
    });
});
```

2. 查詢資料

可以使用 find() 來查詢資料，find() 可以傳回匹配條件的所有資料。 如果未指定條件，find() 傳回集合中的所有資料。範例程式如下。

```
var MongoClient = require('mongodb').MongoClient;
var url = "mongodb://localhost:27017/";

MongoClient.connect(url, { useNewUrlParser: true }, function(err, db) {
    if (err) throw err;
    var dbo = db.db("laochen");
    dbo.collection("user"). find({}).toArray(function(err, result) { //傳回集合中所有資料
        if (err) throw err;
        console.log(result);
        db.close();
    });
});
```

查詢指定條件的資料，範例程式如下。

```
var MongoClient = require('mongodb').MongoClient;
var url = "mongodb://localhost:27017/";

MongoClient.connect(url, { useNewUrlParser: true }, function(err, db) {
    if (err) throw err;
    var dbo = db.db("laochen");
    var whereStr = {"name":'老陳'};// 查詢準則
    dbo.collection("user").find(whereStr).toArray(function(err, result) {
        if (err) throw err;
        console.log(result);
        db.close();
    });
});
```

3. 更新資料

可以使用 updateOne() 方法對資料庫的資料進行修改，範例程式如下。

```
var MongoClient = require('mongodb').MongoClient;
var url = "mongodb://localhost:27017/";

MongoClient.connect(url, { useNewUrlParser: true }, function(err, db) {
    if (err) throw err;
    var dbo = db.db("laochen");
    var whereStr = {"name":'張三'};// 查詢準則
    var updateStr = {$set:{ "sex" : '帥哥' }};
    dbo.collection("user").updateOne(whereStr, updateStr, function(err, res) {
        if (err) throw err;
        console.log("文件更新成功");
        db.close();
    });
});
```

如果要更新多筆資料，可以使用 updateMany() 方法。範例程式如下。

```
var MongoClient = require('mongodb').MongoClient;
var url = "mongodb://localhost:27017/";

MongoClient.connect(url, { useNewUrlParser: true }, function(err, db) {
    if (err) throw err;
    ar dbo = db.db("laochen");
    var whereStr = {"name":' 老陳 '};// 查詢準則
    var updateStr = {$set:{ "sex" : ' 帥哥 ' }};;
    dbo.collection("user").updateMany(whereStr, updateStr, function(err, res) {
        if (err) throw err;
        console.log(res.result.nModified + " 筆文件被更新 ");
        db.close();
    });
});
```

4. 刪除資料

使用 deleteOne() 方法刪除單筆資料，範例程式如下。

```
var MongoClient = require('mongodb').MongoClient;
var url = "mongodb://localhost:27017/";

MongoClient.connect(url, { useNewUrlParser: true }, function(err, db) {
    if (err) throw err;
    var dbo = db.db("laochen");
    var whereStr = {"name":' 張三 '};// 查詢準則
    dbo.collection("user").deleteOne(whereStr, function(err, obj) {
        if (err) throw err;
        console.log(" 文件刪除成功 ");
        db.close();
    });
});
```

使用 deleteMany() 方法批次刪除多筆資料，範例程式如下。

```
var MongoClient = require('mongodb').MongoClient;
var url = "mongodb://localhost:27017/";

MongoClient.connect(url, { useNewUrlParser: true }, function(err, db) {
    if (err) throw err;
    var dbo = db.db("laochen");
    var whereStr = { sex: "男" };// 查詢準則
    dbo.collection("site").deleteMany(whereStr, function(err, obj) {
        if (err) throw err;
        console.log(obj.result.n + "筆文件被刪除");
        db.close();
    });
});
```

5. 排序

在查詢資料時，可以使用 sort() 方法對查詢結果進行排序，該方法接收一個參數，規定了排序的規則，參數值為 1 時按昇冪排序，參數值為 -1 時按降冪排序。範例程式如下。

```
var MongoClient = require('mongodb').MongoClient;
var url = "mongodb://localhost:27017/";

MongoClient.connect(url, { useNewUrlParser: true }, function(err, db) {
    if (err) throw err;
    var dbo = db.db("runoob");
    var mysort = { type: 1 };
    dbo.collection("site").find().sort(mysort).toArray(function(err, result) {
        if (err) throw err;
        console.log(result);
        db.close();
    });
});
```

6. 查詢分頁

如果要設定指定的傳回筆數可以使用 limit() 方法，該方法只接收一個參數，指定了傳回的筆數。舉例來說，本次查詢唯讀取兩筆資料，範例程式如下。

```
var MongoClient = require('mongodb').MongoClient;
var url = "mongodb://localhost:27017/";

MongoClient.connect(url, { useNewUrlParser: true }, function(err, db) {
    if (err) throw err;
    var dbo = db.db("runoob");
    dbo.collection("site").find().limit(2).toArray(function(err, result) {
        if (err) throw err;
        console.log(result);
        db.close();
    });
});
```

如果要指定跳過的筆數，可以使用 skip() 方法。舉例來說，跳過前面兩筆資料，讀取兩筆資料，範例程式如下。

```
var MongoClient = require('mongodb').MongoClient;
var url = "mongodb://localhost:27017/";

MongoClient.connect(url, { useNewUrlParser: true }, function(err, db) {
    if (err) throw err;
    var dbo = db.db("laochen");
    dbo.collection("user").find().skip(2).limit(2).toArray(function(err, result) {
        if (err) throw err;
        console.log(result);
        db.close();
  });
});
```

在進行分頁查詢時，有兩個比較重要的公式，分別如下。

查詢的起始位置 =（當前頁碼 -1）× 每頁顯示筆數

總頁數 =Math.ceil（總筆數 ÷ 每頁顯示筆數）

7. 連接操作

雖然 MongoDB 不是一個關聯式資料庫，但可以使用 $lookup 實現左連接。舉例來說，有兩個集合的資料分別如下。

集合 1：orders，範例程式如下。

```
var MongoClient = require('mongodb').MongoClient;
var url = "mongodb://localhost:27017/";

let obj = { _id: 1, product_id: 154, status: 1 }
MongoClient.connect(url, { useNewUrlParser: true }, function(err, db) {
    if (err) throw err;
    var dbo = db.db("laochen");
    dbo.collection("orders").insertOne(obj, function(err, res) {
        if (err) throw err;
        console.log(" 文件插入成功 ");
        db.close();
    });
});
```

集合 2：products，範例程式如下。

```
var MongoClient = require('mongodb').MongoClient;
var url = "mongodb://localhost:27017/";

MongoClient.connect(url, { useNewUrlParser: true }, function(err, db) {
    if (err) throw err;
    var dbo = db.db("user");
    var myobj =[
      { _id: 154, name: ' 筆記型電腦 ' },
      { _id: 155, name: ' 耳機 ' },
      { _id: 156, name: ' 桌上型電腦 ' }
    ];
    dbo.collection("products").insertMany(myobj, function(err, res) {
        if (err) throw err;
        console.log(" 插入的文件數量為 : " + res.insertedCount);
        db.close();
    });
});
```

使用 $lookup 實現兩個集合的左連接，範例程式如下。

```
var MongoClient = require('mongodb').MongoClient;
var url = "mongodb://127.0.0.1:27017/";

MongoClient.connect(url, { useNewUrlParser: true }, function(err, db) {
  if (err) throw err;
  var dbo = db.db("runoob");
  dbo.collection('orders').aggregate([
    { $lookup:
      {
        from:'products',                // 右集合
        localField: 'product_id',       // 左集合 join 欄位
        foreignField: '_id',            // 右集合 join 欄位
        as:'orderdetails'               // 新生成欄位 ( 類型 array)
      }
    }
    ]).toArray(function(err, res) {
    if (err) throw err;
    console.log(JSON.stringify(res));
    db.close();
  });
});
```

8. 刪除集合

可以使用 drop() 方法來刪除集合，範例程式如下。

```
var MongoClient = require('mongodb').MongoClient;
var url = "mongodb://localhost:27017/";

MongoClient.connect(url, { useNewUrlParser: true }, function(err, db) {
    if (err) throw err;
    var dbo = db.db("laochen");
    // 刪除 test 集合
    dbo.collection("user").drop(function(err, delOK) { // 執行成功 delOK 傳回 true，否則
                                                        // 傳回 false
        if (err) throw err;
        if (delOK) console.log(" 集合已刪除 ");
```

```
        db.close();
    });
});
```

第 10 章 Ajax 非同步請求

隨著網路技術的快速發展，網際網路行業對 Web 系統的依賴度越來越高，作為 Web 2.0 核心應用，Ajax 的出現極佳地增強了使用者端介面的互動能力，在很多應用場景下，無須刷新整個頁面就可以實現網頁內容的局部更新，提升了使用者體驗。本章將揭開 Ajax 的神秘面紗，並且在本章中會詳細講解 Ajax 實現非同步請求的原理，以及在 Node.js 專案中如何使用 Ajax 實現前後端分離開發。

10.1 Ajax 基礎

10.1.1 傳統網站中存在的問題

在 20 世紀 90 年代，網際網路中所有的網站都是由 HTML、CSS、JavaScript 實現的，使用者在網頁中的互動性並不好，而且有很多操作對伺服器的負擔也是比較重的。舉例來說，使用者想要獲取網頁中某一部分內容時，就需要刷新整個頁面。

舉個例子，當使用者在一個網站中需要註冊個人資訊時，在表單中填寫了所有內容後，點擊"提交"按鈕，此時，瀏覽器就會向伺服器發送一個 HTTP 請求，然後將使用者填寫的資料儲存到資料庫中。當伺服器端接收到使用者端的請求參數後，發現密碼的長度不符合要求，就會向使用者端回應一個錯誤資訊，讓使用者重新填寫，之前使用者填寫過的資訊也會隨著頁面的刷新被清空，仍然需要重新填寫，這就給使用者帶來很多繁瑣的操作。

再舉例來說，使用者想要查看新聞頁面底部的評論內容，如果有新評論時，使用者需要重新刷新整個頁面才能看到新的評論，這樣就給伺服器帶來了很大的負擔。

在研發 Web 應用的過程中，開發人員也設計了很多方法來增加 Web 應用的互動性。舉例來說，使用 JavaScript 腳本將所有的基礎資料生成到一個 .js 檔案中，在頁面載入時下載到本機，或在載入頁面時動態生成 JavaScript 陣列。在處理事件時，對 .js 檔案的資料進行分析，然後顯示結果。這種操作雖然可以提升速度，但是增加了開發難度，腳本撰寫起來很複雜，難以維護，如果 js 檔案體積過大，則會使載入速度變慢。

10.1.2 Ajax 概述

Ajax（Asynchronous javascript and XML）是一種動態的 Web 應用程式開發技術，它的出現豐富了使用者的體驗，可以實現不載入整個頁面，就能夠讓瀏覽器與伺服器進行少量資料互動，實現網頁局部資料的非同步更新。

Ajax 技術主要是使用 JavaScript 透過 XMLHttpRequest 物件直接與伺服器進行互動，實現頁面發送非同步請求到 Web 伺服器，並接收 Web 伺服器傳回的資訊，而且整個過程中無須載入整個頁面，展示給使用者的還是原來的頁面。

當然，和其他技術一樣，Ajax 同樣也有其自身的優缺點。

10.1.3 Ajax 的使用場景

Ajax 的特點是使用非同步互動實現動態更新網頁，所以它適用於互動性強並且頻繁載入資料的 Web 應用場景。最常見的有以下幾種應用場景。

1. 表單資料驗證

使用者在填寫表單內容時，需要保證資料的唯一性，因此需要對使用者輸入的內容進行資料驗證。可以在使用者輸入完畢後，input 輸入框失去焦點時，觸發一個事件函式，在事件函式中使用 Ajax 技術，由 XMLHttpRequest 物件發出非同步的驗證請求，根據傳回的 HTTP 回應結果來判斷使用者輸入內容的唯一性。整個過程不需要彈出新的視窗，也不需要將整個頁面提交到伺服器，提高了驗證的效率又不加重伺服器的負擔。

2. 隨選載入資料

樹形結構是 Web 系統中最常見的應用場景，舉例來說，職能部門結構、行政區域結構樹、文件分類結構樹等，都是使用樹形結構呈現資料的。在這種應用場景下，為了避免頁面重載給伺服器造成壓力，可以使用 Ajax 技術改進樹形結構的實現機制。

以文件分類結構樹為例。在初始化頁面時，只獲取第一級子分類的資料並在頁面中展示。當使用者開啟一級分類的第一個節點時，頁面會透過 Ajax 向伺服器請求當前分類所屬的二級子分類的所有資料，如果再請求已經呈現的二級分類的某一節點時，再次向伺服器請求當前分類所屬的三級分類的所有資料，依此類推。頁面會根據使用者的操作向伺服器請求它所需要的資料，這樣就不會存在資料的容錯，減少資料下載總量。同時，更新頁面時不需要重載所有內容，只更新需要更新的部分內容即可，相對於以前後端處理並且重載的方式，大大縮短了使用者等待的時間。

3. 頁面自動更新

在頁面資料更新頻率較高的應用中可以使用 Ajax 技術，例如熱點新聞、天氣預報、影片彈幕等。在這類的 Web 應用中，透過 Ajax 引擎在後台進行定時的輪詢，向伺服器發送請求，查看是否有最新的訊息。如果有新訊息，那就將新的資料回應到頁面中並進行動態更新，透過特定的方式通知使用者。

但是，如果輪詢的頻率過高，也會在某些方面加重伺服器的負擔，所以這種方式實現的頁面自動更新是把雙刃劍，需要謹慎使用。

10.1.4 Ajax 的優點

1. 提升使用者體驗

提升使用者體驗是使用 Ajax 最重要的優點之一。Ajax 可以透過非同步請求實現網頁的局部刷新，解決了傳統 Web 頁面需要重新載入整個頁面的問題。使用 Ajax 提升了瀏覽器的性能，並且透過這種響應式的使用者體驗，可以大大提升瀏覽器的載入速度。

2. 提升了存取速度

Ajax 使用 JavaScript 腳本與 Web 伺服器進行互動，減輕了網路負載，減少頻寬的使用，縮短了伺服器回應時間，在性能和速度上有了很大的提高。

3. 程式語言之間的相容性強

因為 Ajax 是在使用者端實現的，所以對伺服器端的程式語言沒有限制，所有的伺服器端程式語言都可以接收使用者端的 Ajax 請求。

4. 支援非同步處理

Ajax 最重要的特點是使用 XMLHttpRequest 非同步獲取資料的，在請求還沒執行完畢之前，程式可以繼續執行其他任務，在請求傳回之後再執行對應的回呼函式。這種機制也正是提升 Web 性能的主要原因。

5. 使頁面內容切換更簡單

Ajax 使不同內容切換變得更加簡單直觀，使用者不需要再使用瀏覽器上傳統形式的回退和前進按鈕來實現頁面的前進和後退功能了。

10.1.5 Ajax 的缺點

1. 瀏覽器之間的不相容

因為 Ajax 是使用 JavaScript 語言發送的非同步請求，所以在不同的瀏覽器上實現的方式也有所不同。開發人員需要考慮使用者使用多款瀏覽器的場景，提升程式的相容性。

2. 增加了伺服器的負載

為了即時更新網頁中的資料，有時需要每隔一段時間就向伺服器請求更新資料，在使用 Ajax 輪詢時，由於頻繁地向伺服器發送請求，會造成伺服器的負載壓力增加，嚴重的話可能還會導致伺服器當機。

10.2 Ajax 的工作原理

10.2.1 Ajax 執行原理

Ajax 是把 JavaScript 腳本和 XMLHttpRequest 物件放到 Web 頁面和伺服器之間，相當於在瀏覽器和伺服器之間增加了一個中間層。在觸發使用者端的業務邏輯時，透過 JavaScript 程式捕捉資料後向伺服器發送非同步請求，這樣就讓使用者操作與伺服器回應實現非同步化。伺服器接收到使用者端的非同步請求後，將回應資料傳回給 JavaScript 腳本程式，然後，由 JavaScript 腳本決定如何處理回應回來的資料。

並不是所有的使用者請求都最終提交給伺服器，舉例來說，資料驗證的資料處理都是交給 Ajax 引擎來做的，只有確定需要從伺服器讀取新資料時，再由 Ajax 引擎代為向伺服器提交請求。

瀏覽器使用 Ajax 技術與伺服器進行互動的過程，如圖 10.1 所示。

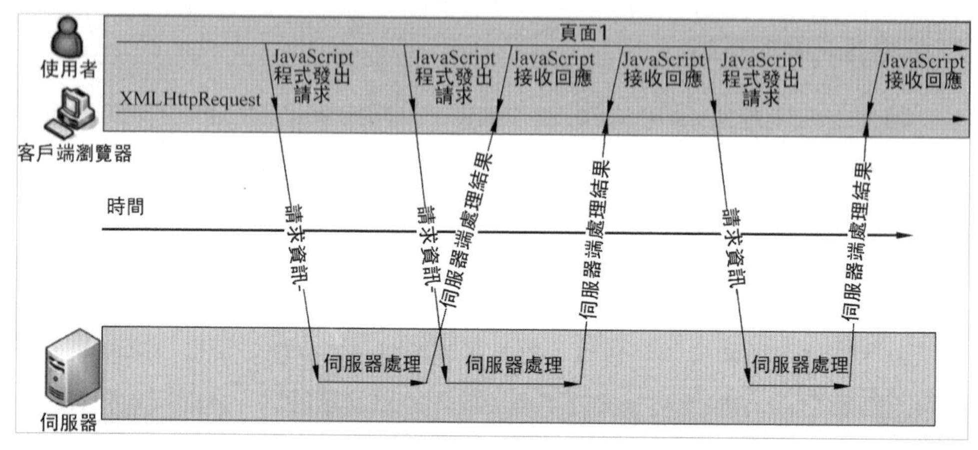

▲ 圖 10.1 瀏覽器的 Ajax 互動模式

10.2.2 XMLHttpRequest 物件

XMLHttpRequest(XHR) 物件用於在後台與伺服器交換資料，透過 XMLHttpRequest 物件可以在不刷新頁面的情況下請求特定 URL，獲取資料。這允許網頁在不影響使用者操作的情況下，更新頁面的局部內容。XMLHttpRequest 可以用於獲取任何類型的資料，而不僅是 XML。它甚至支持 HTTP 以外的協定，舉例來說， file:// 和 FTP 協定。但是，這也就使得瀏覽器出於安全方面考慮，增加了對其的限制。

XMLHttpRequest 物件有三個常用的屬性。

1. onreadystatechange 屬性

XMLHttpRequest.onreadystatechage 屬性會在 XMLHttpRequest 的 readyState 屬性發生改變時觸發。只要 readyState 屬性發生變化，就會呼叫對應的處理函式，這個回呼函式就會被使用者執行緒所呼叫。

當 XMLHttpRequest 請求被 abort() 方法取消時，其對應的 readystatechange 事件不會被觸發。

當 readyState 屬性的值改變時，callback 函式會被呼叫。範例程式如下。

```
var xhr= new XMLHttpRequest(),
    method = "GET",
    url = "https://developer.mozilla.org/";

xhr.open(method, url, true);
xhr.onreadystatechange = function (){
  if(xhr.readyState === XMLHttpRequest.DONE && xhr.status === 200){
    console.log(xhr.responseText)
  }
}
xhr.send();
```

2. readyState 屬性

XMLHttpRequest.readyState 屬性傳回一個 XMLHttpRequest 代理當前所處的狀態。一個 XHR 代理總是處於如表 10.1 所示的五種狀態中的一個。

▼ 表 10.1XHR 代理的五種狀態

值	狀態	描述
0	UNSENT	代理被建立，但尚未呼叫 open() 方法
1	OPENED	open() 方法已經被呼叫
2	HEADERS_RECEIVED	send() 方法已經被呼叫，並且標頭和狀態已經可獲得
3	LOADING	下載中；responseText 屬性已經包含部分資料
4	DONE	下載操作已完成

可以向 onreadystatechange 函式增加一筆 if 敘述，用來測試回應是否已完成。範例程式如下。

```
xmlHttp.onreadystatechange = function(){
    if (xmlHttp.readyState == 4){
        // 從伺服器的 response 獲得資料
    }
}
```

3. responseText 屬性

XMLHttpRequest.responseText 在一個請求被發送後，從伺服器端傳回文字。當處理一個非同步 request 時，儘管當前請求並沒有結束，responseText 的傳回值是當前從後端收到的內容。

範例程式如下。

```
var xhr = new XMLHttpRequest();
xhr.open('GET', '/server', true);

//If specified, responseType must be empty string or "text"
xhr.responseType = 'text';

xhr.onload = function (){
    if (xhr.readyState === xhr.DONE){
        if (xhr.status === 200){
            console.log(xhr.response);
            console.log(xhr.responseText);
        }
    }
};

xhr.send(null);
```

10.2.3 XMLHttpRequest 物件的常用方法

1. open() 方法

open() 方法有三個參數：第一個參數定義發送請求所使用的方法，第二個參數規定伺服器端腳本的 URL，第三個參數規定應當對請求進行非同步的處理。範例程式如下。

```
xmlHttp.open("GET","test.php",true);
```

2. send() 方法

send() 方法將請求送往伺服器。假設 HTML 檔案和 PHP 檔案位於相同的目錄，範例程式如下。

```
xmlHttp.send(null);
```

3. 其他方法

XMLHttpRequest 物件還有其他的方法。

abort()，停止當前請求。

getAllResponseHeaders()，把 HTTP 請求的所有回應標頭作為鍵 / 值對傳回。

getResponseHeader("header")，傳回指定標頭的串值。

open("method","URL",[asyncFlag],["userName"],["password"])，建立對伺服器的呼叫。

send(content)，向伺服器發送請求。

setRequestHeader("header","value")，把指定標頭設定為所提供的值。在設定任何標頭之前必須先呼叫 open() 方法。

10.3 Ajax 的實現步驟

10.3.1 建立 XMLHttpRequest 物件

建立 XMLHttp 物件的語法如下。

```
var xmlHttp=new XMLHttpRequest();
```

如果是 IE 5 或 IE 6 瀏覽器，則使用 ActiveX 物件，範例程式如下。

```
var xmlHttp=new ActiveXObject("Microsoft.XMLHTTP");
```

一般在撰寫 Ajax 的程式時，首先要判斷該瀏覽器是否支援 XMLHttpRequest 物件，如果支援則建立該物件；如果不支援則建立 ActiveX 物件。範例程式如下。

```
// 第一步： 建立 XMLHttpRequest 物件

var xmlHttp;
if (window.XMLHttpRequest){                          // 非 IE 瀏覽器
    xmlHttp = new XMLHttpRequest();
} else if (window.ActiveXObject) {                   //IE 瀏覽器
    xmlHttp = new ActiveXObject("Microsoft.XMLHTTP")
}
```

10.3.2 設定請求方式

在 Web 開發中，GET 請求和 POST 請求是最常見的兩種 HTTP 請求形式，所以需要設定一下具體使用哪個請求，XMLHttpRequest 物件的 open() 方法就是用來設定請求方式的。範例程式如下。

```
// 第二步：設定和伺服器端互動的對應參數，向路徑 http://localhost:8080/JsLearning3/getAjax
// 準備發送資料

var url = "http://localhost:8080/JsLearning3/getAjax";
xmlHttp.open("POST", url, true);
```

open() 方法的參數規定請求的類型、URL 以及是否非同步處理請求。

參數 1：設定請求類型（GET 或 POST），GET 與 POST 的區別請自己百度一下，這裡不做解釋。

參數 2：檔案在伺服器上的位置。

參數 3：是否非同步處理請求，是為 true，否為 false。

10.3.3 呼叫回呼函式

如果在上一步中 open() 方法的第三個參數選擇的是 true，那麼當前就是非同步請求，這時需要撰寫一個回呼函式，XMLHttpRequest 物件有一個 onreadystatechange 屬性，這個屬性傳回的是一個匿名的方法，所以回呼函式就在這裡寫 xmlHttp.onreadystatechange=function{},function{} 內部就是回呼函式的內容。

回呼函式，就是請求在幕後處理完，再傳回到前台所實現的功能。回呼函式要實現的功能就是接收幕後處理後回饋給前台的資料，然後將這個資料顯示到指定的 DOM 元素上。因為從後台傳回的資料可能是錯誤的，所以在回呼函式中首先要判斷後台傳回的資訊是否正確，如果正確才可以繼續執行。範例程式如下。

```
// 第三步： 註冊回呼函式

xmlHttp.onreadystatechange = function(){
    if (xmlHttp.readyState == 4){
        if (xmlHttp.status == 200){
            var obj = document.getElementById(id);
            obj.innerHTML = xmlHttp.responseText;
        } else {
            alert("Ajax 伺服器傳回錯誤 !");
        }
    }
}
```

在上面程式中，xmlHttp.readyState 存有 XMLHttpRequest 的狀態。從 0 到 4 發生變化：0: 請求未初始化；1: 伺服器連接已建立；2: 請求已接收；3: 請求處理中；4: 請求已完成，且回應已就緒。所以這裡判斷只有當 xmlHttp.readyState 為 4 時才可以繼續執行。

10.3.4 發送 HTTP 請求

如果需要像 HTML 表單那樣 POST 資料，可以使用 setRequestHeader() 來增加 HTTP 標頭。然後在 send() 方法中規定需要發送的資料。範例程式如下。

```
// 第四步： 設定發送請求的內容和發送報送。然後發送請求
// 增加 time 隨機參數，防止讀取快取
var params = "userName=" + document.getElementsByName("userName")[0].value +
"&userPass=" + document.getElementsByName("userPass")[0].value + "&time=" + Math.
random();

// 向請求增加 HTTP 標頭
xmlHttp.setRequestHeader("Content-type", "application/x-www-form-
urlencoded;charset=UTF-8");

xmlHttp.send(params);
```

10.3.5 Ajax 的快取問題

在 Ajax 的 get 請求中，如果執行在 IE 核心的瀏覽器下，當瀏覽器向同一個 URL 發送多次請求時，就會產生所謂的快取問題。快取問題最早的設計初衷是為了加快應用程式的存取速度，但是其會影響 Ajax 即時地獲取伺服器端的資料。

可以在請求位址的後面加上一個無意義的參數，參數值使用隨機數即可，那麼每次請求都會產生隨機數，URL 就會不同，快取問題就被解決了。範例程式如下。

```
var url = 'queryAll?names='+inp.value+'&_='+Math.random();
xhr.open('get',url);
```

在上面的程式中，雖然使用隨機數解決了快取的問題，但是不能保證每次生成的隨機數都不一樣，這種使用隨機數方法也存在一定的隱憂。可以透過獲取當前的時間戳記，解決這個問題。範例程式如下。

```
var url = ''queryAll?names='+inp.value+'&_='+new Date().getTime();
xhr.open('get',url);
```

上面都是在使用者端解決快取問題，也可以在伺服器端解決快取問題。伺服器端在回應使用者端請求時，透過設定回應標頭資訊，以此來解決同一個瀏覽器存取相同 URL 時的快取問題。範例程式如下。

```
// 告訴使用者端瀏覽器不要快取資料
header("Cache-Control: no-cache");
```

10.4 瀏覽器相同來源策略

10.4.1 什麼是相同來源策略

在學習相同來源策略之前，應該先了解什麼是同源。簡單來說，如果有兩個 URL，它們的協定、域名、通訊埠編號都相同，那麼就稱這兩個 URL 同源。例如下面兩個 URL。

```
https://127.0.0.1:3000/query?id=1
https://127.0.0.1:3000/query?id=2
```

這兩個 URL 具有相同的協定 https、相同的域名 127.0.0.1，以及相同的通訊埠編號 3000，所以就說這兩個 URL 是同源的。

瀏覽器預設兩個相同的來源之間是可以相互存取資源和操作 DOM 的。如果兩個不同的來源之間想要相互存取資源和操作 DOM，那麼會受到瀏覽器安全性原則的限制，這一套安全性原則限制就稱為相同來源策略。

受到瀏覽器的相同來源策略的限制，在瀏覽器中不能執行其他來源的 JavaScript 腳本，這就是瀏覽器跨域。無法跨域請求是瀏覽器出於對使用者安全的考慮。

10.4.2 相同來源策略的限制

相同來源策略主要表現在 DOM、Web 資料和網路這 3 個層面。

1. DOM 層面

相同來源策略限制了來自不同源的 JavaScript 腳本對當前 DOM 物件讀和寫的操作。建立一個 HTML 頁面 demo.html，範例程式如下。

```
<!DOCTYPE html>
<html lang="zh">
<head>
    <meta charset="UTF-8">
    <meta name="viewport" content="width=device-width, initial-scale=1.0">
    <meta http-equiv="X-UA-Compatible" content="ie=edge">
    <title></title>
</head>
<body>
    <h1> 頁面 1</h1>
    <button onclick="openPage()"> 開啟新頁面 </button>

    <script type="text/javascript">
        function openPage(){
            window.open('demo2.html')
        }
    </script>
</body>
</html>
```

將該頁面放到本機伺服器中啟動，在瀏覽器中存取該頁面的效果如圖 10.2 所示。

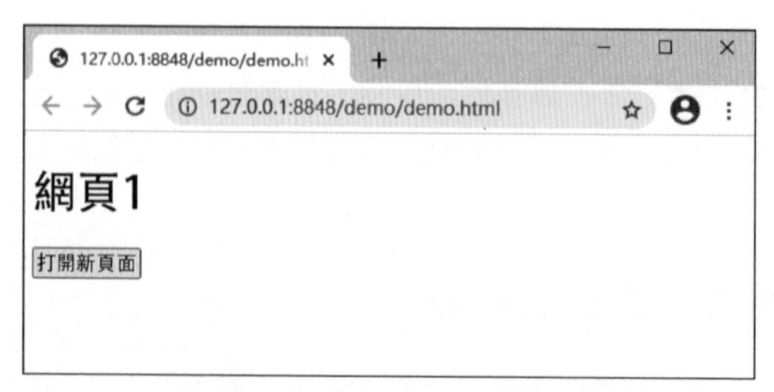

▲ 圖 10.2 demo.html 存取效果

在 demo.html 中使用 window.open() 方法開啟 demo2.html 頁面，demo2.html 頁面也是一個靜態網頁，範例程式如下。

```
<!DOCTYPE html>
<html>
    <head>
        <meta charset="utf-8">
        <title></title>
    </head>
    <body>
        <h2> 頁面 2</h2>
    </body>
</html>
```

點擊 demo.html 頁面中的按鈕，開啟 demo2.html 頁面，demo2.html 頁面在瀏覽器中執行的效果如圖 10.3 所示。

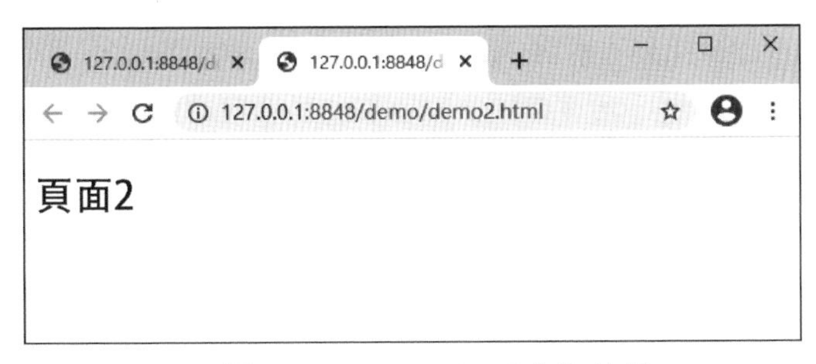

▲ 圖 10.3 demo2.html 存取效果

透過瀏覽器的網址列可以看出，第一個頁面和第二個頁面是同源關係，所以可以在第二個頁面中操作第一個頁面的 DOM，比如將第一個頁面全部隱藏，範例程式如下。

```
let pdom = opener.document
pdom.body.style.display = "none"
```

上面程式中，物件 opener 就是指向第一個頁面的 window 物件，可以透過操作 opener 來控制第一個頁面中的 DOM。在第二個頁面的主控台中執行上面那段程式，就成功地操作了第一個頁面中的 DOM，將頁面隱藏了，效果如圖 10.4 所示。

▲ 圖 10.4 頁面 2 操作頁面 1 的 DOM

如果開啟的第二個頁面和第一個頁面不是同源的，那麼它們就無法相交互操作 DOM 了。舉例來說，從 demo1.html 中開啟百度的首面，由於它們的域名不同，所以不是同源的，然後還按照前面同樣的步驟來操作。對 demo.html 的程式做修改，範例程式如下。

```
<!DOCTYPE html>
<html lang="zh">
<head>
    <meta charset="UTF-8">
    <meta name="viewport" content="width=device-width, initial-scale=1.0">
    <meta http-equiv="X-UA-Compatible" content="ie=edge">
    <title></title>
</head>
<body>
    <h1> 頁面 1</h1>
    <button onclick="openPage()"> 開啟百度 </button>

    <script type="text/javascript">
        function openPage(){
            window.open('http://www.baidu.com')
        }
    </script>
```

```
</body>
</html>
```

在瀏覽器中存取 demo.html，點擊按鈕開啟百度首頁，在百度頁面的主控台中操作 demo.html 的 DOM，效果如圖 10.5 所示。

▲ 圖 10.5 跨域操作 DOM 效果

從圖 10.5 中可以看出，當在百度頁面中存取本機伺服器中 demo.html 頁面中的 DOM 時，頁面拋出了如圖 10.6 所示的例外資訊，這就是相同來源策略所發揮的作用。

```
▶Uncaught DOMException: Blocked a frame with origin "https://www.   VM132:1
baidu.com" from accessing a cross-origin frame.
    at <anonymous>:1:19
```

▲ 圖 10.6 跨域操作 DOM 錯誤資訊

2. Web 資料層面

相同來源策略限制了不同源的網站讀取當前網站的 Cookie、IndexDB、LocalStorage 等資料。由於相同來源策略，依然無法透過第二個頁面的 opener 來存取第一個頁面中的 Cookie、IndexDB 或 LocalStorage 等內容。

3. 網路層面

由於 XMLHttpRequest 物件在預設情況下不能造訪跨域的資源，相同來源策略限制了透過 XMLHttpRequest 等方式將網站的資料發送給不同源的網站。

10.4.3 相同來源策略的解決方案

1. 透過 jsonp 跨域

通常為了減輕 Web 伺服器的負載，把 JavaScript、CSS，IMG 等靜態資源分離到另一台獨立域名的伺服器上，在 HTML 頁面中再透過對應的標籤從不同域名下載入靜態資源，而被瀏覽器允許，基於此原理，可以透過動態建立 Script，再請求一個帶參網址實現跨域通訊。

範例程式如下。

```
<script>
    var script = document.createElement('script');
    script.type = 'text/javascript';

    // 傳遞參數並指定回呼執行函式為 onBack
    script.src = 'http://www.demo2.com:8080/login?user=admin&callback=onBack';
    document.head.appendChild(script);

    // 回呼執行函式
    function onBack(res){
        alert(JSON.stringify(res));
    }
</script>
```

伺服器端傳回時即執行全域函式，範例程式如下。

```
onBack({"status": true, "user": "admin"})
```

2. 使用 iframe 跨域

在使用 iframe 解決瀏覽器跨域問題時，可以使用以下幾種方式實現 iframe 跨域的操作。

（1）兩個頁面都透過 JavaScript 強制設定 document.domain 為基礎主域，就實現了同域。

（2）借助第三個頁面來實現另外兩個不同源的跨域，不同域之間利用 iframe 的 location.hash 傳值，相同域之間直接透過 JavaScript 存取來通訊。

（3）使用 window.name 實現跨域，name 值在不同的頁面，甚至是不同域名，載入後依舊存在，並且可以支援最長 2MB 的 name 值。

透過 iframe 的 src 屬性由外域轉向本機域，跨域資料即由 iframe 的 window.name 從外域傳遞到本機域。這就巧妙地繞過了瀏覽器的跨域存取限制，但同時它又是安全操作。

3. postMessage 跨域

postMessage 是 HTML5 XMLHttpRequest Level 2 中的 API，且是為數不多可以跨域操作的 window 屬性之一，它可用於解決以下方面的問題。

（1）網頁及其新視窗的資料傳輸。

（2）多視窗之間訊息傳遞。

（3）頁面與巢狀結構的 iframe 訊息傳遞。

（4）上面三個場景的跨域資料傳遞。

postMessage(data,origin) 方法接收兩個參數：data 參數，是 HTML 5 規範支援任意基本類型或可複製的物件，但部分瀏覽器只支援字串，所以傳遞參數時最好用 JSON.stringify() 序列化；origin 參數，是協定 + 主機 + 通訊埠編號，也可以設定為 “*” ，表示可以傳遞給任意視窗，如果要指定和當前視窗同源設定為 “/” 。

頁面 1，範例程式如下。

```
<iframe id="iframe" src="http://www.demo2.com/b.html" style="display:none;"></iframe>
<script>
    var iframe = document.getElementById('iframe');
    iframe.onload = function(){
        var data ={
            name: 'aym'
        };
        // 向 domain2 傳送跨域資料
        iframe.contentWindow.postMessage(JSON.stringify(data), 'http://www.demo2.com');
    };

    // 接收 domain2 傳回資料
    window.addEventListener('message', function(e) {
        alert('data from demo2 ---> ' + e.data);
    }, false);
</script>
```

頁面 2，範例程式如下。

```
<script>
    // 接收 domain1 的資料
    window.addEventListener('message', function(e) {
        alert('data from demo1 ---> ' + e.data);

        var data = JSON.parse(e.data);
        if (data){
            data.number = 16;

            // 處理後再發回 domain1
            window.parent.postMessage(JSON.stringify(data), 'http://www.demo1.com');
        }
    }, false);
</script>
```

4. 跨域資源分享

普通跨域請求，只需要在伺服器端設定Access-Control-Allow-Origin即可，前端無須設定，若要帶Cookie請求，前後端都需要設定。由於相同來源策略的限制，所讀取的Cookie為跨域請求介面所在域的Cookie，而非當前頁。

目前，所有瀏覽器都支援該功能（IE 8以IE8以上版本中需要使用XDomainRequest物件來支援CORS），CORS已經成為主流的跨域解決方案。

前端設定，範例程式如下。

```
var xhr = new XMLHttpRequest(); //IE 8/9 需用 window.XDomainRequest 相容

// 前端設定是否帶 Cookie
xhr.withCredentials = true;
xhr.open('post', 'http://www.demo2.com:8080/login', true);
xhr.setRequestHeader('Content-Type', 'application/x-www-form-urlencoded');
xhr.send('user=admin');

xhr.onreadystatechange = function(){
    if (xhr.readyState == 4 && xhr.status == 200){
        alert(xhr.responseText);
    }
};
```

也可以在伺服器端設定CORS，若後端設定成功，前端瀏覽器主控台則不會跨域顯示出錯資訊，不然說明沒有設定成功。以Node.js伺服器端程式為例，範例程式如下。

```
ar http = require('http');
var server = http.createServer();
var qs = require('querystring');

server.on('request', function(req, res) {
    var postData = '';

    // 資料區塊接收中
    req.addListener('data', function(chunk) {
```

```
        postData += chunk;
    });

    //資料接收完畢
    req.addListener('end', function() {
        postData = qs.parse(postData);

        //跨域後台設定
        res.writeHead(200, {
            'Access-Control-Allow-Credentials': 'true',    //後端允許發送 Cookie
            'Access-Control-Allow-Origin': 'http://www.demo1.com',
                                                //允許存取的域 ( 協定 + 域名 + 通訊埠 )
            'Set-Cookie': 'l=a123456;Path=/;Domain=www.demo2.com;HttpOnly'
                                                //HttpOnly: 腳本無法讀取 Cookie
        });

        res.write(JSON.stringify(postData));
        res.end();
    });
});

server.listen('8080');
console.log('Server is running at port 8080...');
```

5. nginx 代理跨域

相同來源策略是瀏覽器的安全性原則，不是 HTTP 的一部分。伺服器端呼叫 HTTP 介面只是使用 HTTP，不會執行 JavaScript 腳本，不需要相同來源策略，也就不存在跨越問題。透過 nginx 設定一個代理伺服器（域名與 demo1 相同，通訊埠不同）作跳板機，反向代理存取 demo2 介面，並且可以順便修改 Cookie 中的 demo 資訊，方便當前域 Cookie 寫入，實現跨域登入。

nginx 具體設定如下。

```
#proxy 伺服器
server{
    listen       81;
    server_name  www.demo1.com;
```

```
    location /{
        proxy_passhttp://www.demo2.com:8080; #反向代理
        proxy_cookie_demo www.demo2.com www.demo1.com; #修改 Cookie 裡的域名
        index index.html index.htm;

        # 當用 webpack-dev-server 等中介軟體代理介面存取 nignx 時，此時無瀏覽器參與，故沒有
        # 同源限制，下面的跨域設定可不啟用
        add_header Access-Control-Allow-Origin http://www.demo1.com; #當前端只跨域不
                                                        #帶 Cookie 時，可為 *

        add_header Access-Control-Allow-Credentials true;
    }
}
```

前端發送 Ajax 非同步請求，範例程式如下。

```
var xhr = new XMLHttpRequest();

// 前端開關：瀏覽器是否讀寫 Cookie
xhr.withCredentials = true;

// 存取 nginx 中的代理伺服器
xhr.open('get', 'http://www.demo1.com:81/?user=admin', true);
xhr.send();
```

使用 Node.js 架設後台，範例程式如下。

```
var http = require('http');
var server = http.createServer();
var qs = require('querystring');

server.on('request', function(req, res) {
    var params = qs.parse(req.url.substring(2));

    // 向前台寫入 Cookie
    res.writeHead(200, {
        'Set-Cookie': 'l=a123456;Path=/;Domain=www.demo2.com;HttpOnly'
//HttpOnly: 腳本無法讀取
    });

    res.write(JSON.stringify(params));
```

```
    res.end();
});

server.listen('8080');
console.log('Server is running at port 8080...');
```

6. node 中介軟體代理跨域

node 中介軟體實現跨域代理，原理大致與 nginx 相同，都是透過啟動一個代理伺服器，實現資料的轉發，也可以透過設定 cookieDomainRewrite 參數修改回應標頭中 Cookie 中域名，實現當前域的 Cookie 寫入，方便介面登入認證。

利用 node + express + http-proxy-middleware 架設一個 proxy 伺服器。在前端發送 Ajax 非同步請求，範例程式如下。

```
var xhr = new XMLHttpRequest();

// 前端開關：瀏覽器是否讀寫 Cookie
xhr.withCredentials = true;

// 造訪 http-proxy-middleware 代理伺服器
xhr.open('get', 'http://www.demo1.com:3000/login?user=admin', true);
xhr.send();
```

使用 Express 框架架設中介軟體伺服器，範例程式如下。

```
var express = require('express');
var proxy = require('http-proxy-middleware');
var app = express();

app.use('/', proxy({
    // 代理跨域目標介面
    target: 'http://www.demo2.com:8080',
    changeOrigin: true,

    // 修改回應標頭資訊，實現跨域並允許帶 Cookie
    onProxyRes: function(proxyRes, req, res){
        res.header('Access-Control-Allow-Origin', 'http://www.domain1.com');
```

```
        res.header('Access-Control-Allow-Credentials', 'true');
    },

    // 修改回應資訊中的 Cookie 域名
    cookieDomainRewrite: 'www.demo1.com'// 可以為 false，表示不修改
}));

app.listen(3000);
console.log('Proxy server is listen at port 3000...');
```

專案伺服器可以使用任意的伺服器端程式語言，還是以 Node.js 作為後台，範例程式如下。

```
ar http = require('http');
var server = http.createServer();
var qs = require('querystring');

server.on('request', function(req, res) {
    var params = qs.parse(req.url.substring(2));

    // 向前台寫入 Cookie
    res.writeHead(200, {
        'Set-Cookie': 'l=a123456;Path=/;Domain=www.demo2.com;HttpOnly'
//HttpOnly: 腳本無法讀取
    });

    res.write(JSON.stringify(params));
    res.end();
});

server.listen('8080');
console.log('Server is running at port 8080...');
```

7. WebSocket 協定跨域

WebSocket 是 HTML 5 的一種新的協定。它實現了瀏覽器與伺服器全雙工通訊，同時允許跨域通訊，是 server push 技術的一種很好的實現。

原生 WebSocket API 使用起來不太方便，使用 Socket.io，它極佳地封裝了 webSocket 介面，提供了更簡單、靈活的介面，也對不支援 WebSocket 的瀏覽器提供了向下相容。

前端發送 Ajax 非同步請求，範例程式如下。

```
<div>user input：  <input type="text"></div>
<script src="./socket.io.js"></script>
<script>
var socket = io('http://www.demo2.com:8080');

// 連接成功處理
socket.on('connect', function() {
    // 監聽伺服器端訊息
    socket.on('message', function(msg) {
        console.log('data from server: ---> ' + msg);
    });

    // 監聽伺服器端關閉
    socket.on('disconnect', function() {
        console.log('Server socket has closed.');
    });
});

document.getElementsByTagName('input')[0].onblur = function() {
    socket.send(this.value);
};
</script>
```

使用 Node.js 架設後台，範例程式如下。

```
// 啟動 HTTP 服務
var server = http.createServer(function(req, res) {
    res.writeHead(200, {
        'Content-type': 'text/html'
    });
    res.end();
});
```

```
server.listen('8080');
console.log('Server is running at port 8080...');

// 監聽 socket 連接
socket.listen(server).on('connection', function(client) {
    // 接收資訊
    client.on('message', function(msg) {
        client.send('hello：  ' + msg);
        console.log('data from client: ---> ' + msg);
    });

    // 斷開處理
    client.on('disconnect', function() {
        console.log('Client socket has closed.');
    });
});
```

10.5 RESTful 風格 API

10.5.1 RESTful API 概述

在學習 RESTful API 之前，先來了解一下什麼是 API。

API（Application Programming Interface，應用程式介面）是一些預先定義的介面（如函式、HTTP 介面），或指軟體系統不同組成部分銜接的約定，用來提供應用程式與開發人員基於某軟體或硬體得以存取的一組常式，而又無須存取原始程式，或理解內部工作機制的細節。

在本章中討論的是 HTTP 介面。上面的定義過於抽象了，舉個生活中的例子，舉例來說，去超市買飲料，不需要知道這瓶飲料是如何被生產出來的，顧客付過錢之後就能得到一瓶飲料。超市就像是一台伺服器，顧客就是使用者端，錢就是使用者端向伺服器請求獲得飲料的參數。說得更加直白一點，呼叫 API 的過程，就是顧客和超市交易的過程，一手交錢一手交貨，那麼生產飲料的過程，就是 API 背後的工作。

用電腦的術語解釋，開發人員透過存取其他開發人員撰寫的程式，API 提供存取的通路。如果需要開發一個具有天氣預報功能的應用，只需要呼叫氣象局對外開發的 API，在自己的程式中呼叫查詢城市天氣的介面時，實際上就是請求氣象伺服器的查詢功能，無須考慮氣象局是如何實現該功能的，也不用知道他們用的是什麼程式語言，只需要按照規範發起 HTTP 請求就可以了。

那什麼是 RESTful API 呢？REST 即表述性狀態傳遞（Representational State Transfer），是 Roy Fielding 博士在 2000 年的博士論文中提出來的一種軟體架構風格。它是一種針對網路應用的設計和開發方式，可以降低開發的複雜性，提高系統的可伸縮性。

RESTful 基於 HTTP，可以使用 XML 格式定義或 JSON 格式定義。RESTful 適用於行動網際網路廠商作為業務介面的場景，實現協力廠商 OTT 呼叫行動網路資源的功能，動作類型為新增、變更、刪除所呼叫資源。

REST 描述的是在網路中使用者端和伺服器端的一種互動的形式，REST 不是一種協定，本身沒有太大的作用，實用的是如何設計 RESTful API（REST 風格的介面）。

10.5.2 為什麼要使用 RESTful 結構

在早期的 Web 應用程式開發中，前後端是在一起開發的，在這個時期有很多伺服器端繪製範本，如 JSP 等。這在當時那個 PC 時代是沒有問題的，但是發展到行動網際網路時代，各種前端框架應運而生，為了降低開發成本和學習成本，提高程式的重複使用率，前後端開始分離。在這種前後端分離開發的場景下，使用介面的方式可以讓程式的重複使用率更高，如圖 10.7 所示。

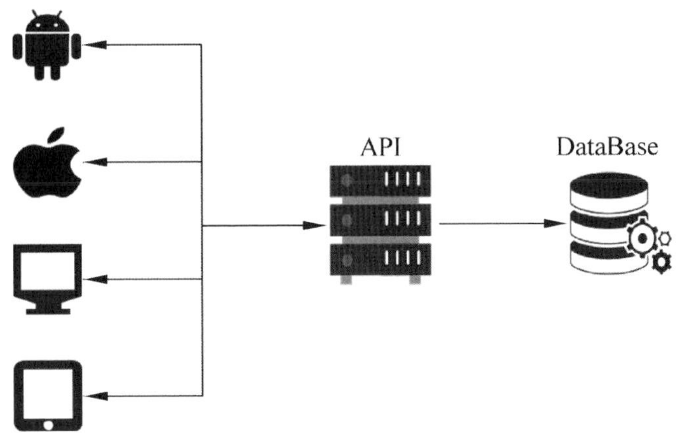

▲ 圖 10.7 介面的使用場景

在使用傳統的 URL 格式設計介面時，需要使用 "?" 表示路徑和參數的分隔符號，如果參數特別多，就會讓 URL 顯得很臃腫。例如：

```
https://demourl.com/getWeather?city= 北京 &key=12345
```

如果使用 RESTful 的風格設計介面，就會顯得很簡潔。例如：

```
https://demourl.com/getWeather/ 北京 /12345
```

10.5.3 RESTful API 的實現

Express.js 是一個輕量且靈活的 Node.js Web 應用框架，可以快速架設 Web 應用。其底層是對 Node.js 的 HTTP 模組進行封裝，增加路由、中介軟體等特性，讓使用者能架設應用等級的 Web 服務。Express 框架很適合開發 API 伺服器，在 Express 中設計介面，需要使用路由對介面進行管理。

以查詢圖書為例，在本節案例中不使用資料庫，範例程式中均為模擬資料庫的靜態資料。

1. 處理 GET 請求

範例程式如下。

```
const express = require('express');
const app = express();
const Joi = require('joi');

app.use(express.json());

const books =[
    { id: 1, name: 'book1'},
    { id: 2, name: 'book2'},
    { id: 3, name: 'book3'},
];

app.get('/', (req, res) => {
    res.end('Hello World!');
});
// 獲取所有書籍
app.get('/api/books', (req, res) => {
    res.json(books).end();
});
// 獲取特定 id 的書籍
app.get('/api/books/:id', (req, res) => {
    let book = books.find(b => b.id === parseInt(req.params.id));
    if(!book) return res.status(404).json({msg: 'The book with the given ID not find.'});
    res.json(book).end();
});

const port = process.env.PORT || 5000;
app.listen(port, () => console.log('Listening on port ${port}'));
```

啟動 Node 伺服器，在瀏覽器中直接造訪 http://localhost:5000/api/books，傳回的 JSON 資料如下。

```
{
    books : [
        { id: 1, name: 'book1'},
        { id: 2, name: 'book2'},
        { id: 3, name: 'book3'},
    ]
}
```

例如要透過 id 進行查詢，存取的連結為 http://localhost:5000/api/books/2，表示要查詢 id 為 2 的書籍，查詢結果如下。

```
{
    book : {
        id: 1,
        name: 'book1'
    }
}
```

2. 處理 POST 請求

範例程式如下。

```
function validateBook(book){
    const schema ={
        name: Joi.string().min(3).required()
    };

    return Joi.validate(book, schema);
}

// 使用 POST 方法增加書籍
app.post('/api/books', (req, res) => {
    const {error} = validateBook(req.body);
    if(error){
        return res.status(400).json({msg: error.details[0].message}).end();
    }

    const book ={
        id: books.length + 1,
        name: req.body.name
    };
    books.push(book);
    res.json(book).end();
});
```

POST 請求無法直接在瀏覽器中存取，可以使用測試工具實現請求，如 postman。在 postman 工具中使用 POST 類型請求到 http://localhost:5000/api/books，封裝的參數物件如下。

```
{
    "name": "Node.js"
}
```

請求成功後傳回的 JSON 資料如下。

```
{
    "id": 4,
    "name": "Node.js"
}
```

3. 處理 PUT 請求

範例程式如下。

```
// 使用 PUT 方法修改書籍
app.put('/api/books/:id', (req, res) => {
    let book = books.find(b => b.id === parseInt(req.params.id));
    if(!book) return res.status(404).json({msg: 'The book with the given ID not find.'});

    const { error } = validateBook(req.body);
    if(error) return res.status(400).json({msg:
error.details[0].message}).end();

    book.name = req.body.name;
    res.json(book).end();
});
```

在 postman 中發送 PUT 類型的請求到 http://localhost:5000/api/books/1，封裝的請求參數如下。

```
{
    "name": "Express"
}
```

請求成功後傳回的 JSON 資料如下。

```
{
    "id": 1,
    "name": "Express"
}
```

4. 處理 DELETE 請求

範例程式如下。

```
// 使用 DELETE 方法刪除書籍
app.delete('/api/books/:id', (req, res) => {
    let book = books.find(b => b.id === parseInt(req.params.id));
    if(!book) return res.status(404).json({msg: 'The book with the given ID not find.'});

    const index = books.indexOf(book);
    books.splice(index, 1);

    res.json(book).end();
});
```

在 postman 工具中發送 DELETE 請求到 http://localhost:5000/api/books/1，請求成功後傳回的 JSON 資料如下。

```
{
    "id": 1,
    "name": "book1"
}
```

第 11 章 階段追蹤

11.1 階段追蹤概述

11.1.1 HTTP 請求的特點

HTTP 是無狀態協定，是指協定對於事務處理沒有記憶能力，伺服器不知道使用者端是什麼狀態。 當在瀏覽器中造訪一個網站時，瀏覽器會向伺服器發送 HTTP 請求，伺服器根據請求回應資料，伺服器回應結束後不會記錄下任何的資訊。如果從一個網站的某個頁面跳躍到另外一個頁面，伺服器無法判斷這兩次存取請求是否為同一個瀏覽器發起。Web 工作的方式就是在每個 HTTP 請求中都要包含所有必要的資訊，伺服器才能滿足這個請求。

HTTP 是一個無狀態協定，這就表示每個請求都是獨立的，keep-alive 沒有改變這個結果。如果後續處理需要前面的資訊，則瀏覽器必須重新傳遞這些資訊，這會導致每次連接傳送的資料量增大。另一方面，在伺服器不需要先前資訊時，它的回應速度也會變快。HTTP 的無狀態特性有優點也有缺點，優點是可以解放伺服器，每一次請求都不會造成不必要連接佔用，缺點是每次請求會傳輸大量重複的內容。

隨著網際網路的發展，使用者端與伺服器端頻繁互動的 Web 應用程式得到普及，同時這種 Web 應用程式的發展也受到了 HTTP 無狀態特性的嚴重阻礙。於是，兩種用於保持 HTTP 連接狀態的技術就應運而生了，一個是 Cookie，另一個是 Session。

11.1.2 什麼是階段追蹤

階段是指一個終端使用者與互動系統進行通訊的過程，舉例來說，從輸入帳戶密碼進入作業系統到退出作業系統的過程就是一個階段的過程。

階段實際上就是狀態維護方法。要實現階段，必須在使用者端保持一些資訊，否則伺服器無法從一個請求到下一個請求中辨識使用者端。通常的做法是用一個包含唯一標識的 Cookie，然後伺服器用這個標識獲取對應的階段資訊。當然，Cookie 不是實現這個目的的唯一手段，曾經有一段時間，Cookie 使用的情況非常氾濫，很多使用者直接關閉了 Cookie，這也促使了其他維護狀態的方法被發明出來，舉例來說，在 URL 中增加階段資訊。HTML 5 的本機存放區也為階段提供了另一種選擇。

從廣義上來說，實現階段技術有兩種方法，一種是把所有的資訊都儲存在 Cookie 中；另一種方法是在 Cookie 裡儲存一個唯一標識，其他的資訊都儲存在伺服器上。前一種方法是基於 Cookie 的階段，是把所有的資訊都儲存到了 Cookie 中，這也表示把所有資訊儲存到了使用者端瀏覽器中，這是一種極不安全的做法，所以不推薦使用這種方式實現階段。在使用者端只能儲存少量的資訊，並且並不介意使用者能夠存取到這些資訊，這種方式也不會隨著時間的增長而失控。

11.1.3 階段追蹤的用途

如果想在整個網站中儲存使用者的偏好習慣，舉例來說，要記住使用者喜歡如何排列板塊，或是喜歡哪種日期格式，這些獲取使用者偏好的設定也不需要頻繁登入帳戶，那麼階段追蹤技術就會顯得很有必要。階段最常見的用法是提供使用者驗證資訊，登入後就會建立一個階段，之後就不用在每次重新載入頁面時再登入一次。

11.2 Express 中的階段追蹤

11.2.1 Express 中的 Cookie

在 Express 中使用 Cookie 之前需要先引入中介軟體 cookie-parser，安裝命令如下。

```
npm install --save cookie-parser
```

在專案中使用 app.use() 引入中介軟體，範例程式如下。

```
var cookie = require('cookie-parser');
app.use(cookie(credentials.cookieSecret));
```

完成上面的程式之後，就可以在任何能夠存取到回應物件的地方設定 Cookie。範例程式如下。

```
res.cookie('monster', 'nom nom');
res.cookie('signed_monster', 'nom nom', { signed: true });
```

這裡需要注意的是，簽名的 Cookie 的優先順序高於未簽名的 Cookie，如果將簽名 Cookie 命名為 signed_monster，那就不能用這個名字再命名為簽名 Cookie(它傳回時會變成 undefined)。

要獲取使用者端發送過來的 Cookie 的值，只需要存取請求物件的 Cookie 或 signedCookies 屬性。範例程式如下。

```
var monster = req.cookies.monster;
var signedMonster = req.signedCookies.monster;
```

任何字串都可以作為 Cookie 的名稱。舉例來說，可以用 'signed monster' 代替 'signed_monster'， 但這樣必須用括號才能取到 Cookie：req.signedCookies['signed monster']。

要刪除 Cookie，可以使用 res.clearCookie() 方法，範例程式如下。

```
res.clearCookie('monster');
```

還可以用下面的選項設定 Cookie 的資訊。

（1）domain，控制跟 Cookie 連結的域名。

（2）path，控制應用這個 Cookie 的路徑。

（3）maxAge，指定使用者端應該儲存 Cookie 多長時間，單位是 ms。

（4）secure，指定該 Cookie 只透過安全（HTTPS）連結發送。

（5）httpOnly，將這個選項設為 true 表明這個 Cookie 只能由伺服器修改。

（6）signed，設為 true 時會對這個 Cookie 簽名，只能使用 res.signedCookies 存取。

11.2.2 Express 中的 Session

如果想要把階段資訊儲存到伺服器上，就需要使用伺服器的 session 物件，因為 session 物件是儲存在記憶體中的，所以重新啟動伺服器後階段資訊就會被銷毀。因為 Express 中沒有 session 這個中介軟體，所以使用前需要先安裝，安裝命令如下。

```
npm install --save express-session
```

安裝成功後，在專案中引入 express-session 之前需要先引入 cookie-parser。範例程式如下。

```
var cookie = require('cookie-parser');
var session = require('express-session');

app.use(cookie(credentials.cookieSecret));
app.use(session(option));
```

在使用 express-session 中介軟體時需要傳入選項的設定物件，常用的設定物件屬性如下。

（1）key，存放唯一階段標識的 Cookie 名稱，預設為 connect.sid。

（2）store，階段儲存的實例。

（3）cookie，階段 Cookie 的 Cookie 設定。

session 設定好以後，需要使用請求物件的 session 變數來設定 session 的屬性。範例程式如下。

```
req.session.userName ='Anonymous';
var colorScheme = req.session.colorScheme || 'dark';
```

需要注意的是，session 物件在設定值和獲取值時，都是在請求物件上操作的，要刪除階段，可以使用 JavaScript 的 delete 操作符號。範例程式如下。

```
req.session.userName = null;              //將 'userName' 設為 null，但不會移除它
delete req.session.colorScheme;           //移除 'colorScheme'
```

第12章 Node.js 實現網路爬蟲

12.1 網路爬蟲概述

12.1.1 什麼是網路爬蟲

網路爬蟲是一種按照一定的規則，自動地抓取 WWW 資訊的程式或腳本。隨著網路的迅速發展，WWW 成為大量資訊的載體，如何有效地提取並利用這些資訊成為一個巨大的挑戰。搜尋引擎（Search Engine），例如傳統的通用搜尋引擎百度、Google 等，作為輔助人們檢索資訊的工具，成為使用者存取 WWW 的入口和指南。但是，這些通用搜尋引擎也存在著一定的局限性，舉例來說，不同領域的使用者需求不同，有限的搜尋引擎伺服器資源和無限的網路資料資源之間的矛盾將進一步加深。

為了解決上述問題，定向抓取相關網頁資源的聚焦爬蟲應運而生。聚焦爬蟲是一個自動下載網頁的程式，它根據既定的抓取目標，有選擇地存取 WWW 上的網頁與相關的連結，獲取所需要的資訊。與通用爬蟲不同，聚焦爬蟲並不追求大的覆蓋，而將目標定為抓取與某一特定主題內容相關的網頁，為主題導向的使用者查詢準備資料資源。

12.1.2 網路爬蟲的實現原理

網路爬蟲是一個自動提取網頁的程式，它為搜尋引擎從 WWW 上下載網頁，是搜尋引擎的重要組成。傳統爬蟲從一個或若干初始頁面的 URL 開始，獲得初始頁面上的 URL，在抓取網頁的過程中，不斷從當前頁面上取出新的 URL 放入佇列，直到滿足系統的一定停止條件。聚焦爬蟲的工作流程較為複雜，需要根據一定的網頁分析演算法過濾與主題無關的連結，保留有用的連結並將其放入等待抓取的 URL 佇列。然後，它將根據一定的搜索策略從佇列中選擇下一步要抓取的網頁 URL，並重複上述過程，直到達到系統的某一條件時停止。另外，所有被爬蟲抓取的網頁將被系統儲存，進行一定的分析、過濾，並建立索引，以便於之後的查詢和檢索；對聚焦爬蟲來說，這一過程所得到的分析結果還可能對以後的抓取過程舉出回饋和指導。

相對於通用網路爬蟲，聚焦爬蟲還需要解決以下三個主要問題。

（1）對抓取目標的描述或定義。

（2）對網頁或資料的分析與過濾。

（3）對 URL 的搜索策略。

12.1.3 Node.js 實現網路爬蟲的優勢

使用 Node.js 撰寫爬蟲程式有兩個方面的優勢。

第一個是 Node.js 的驅動語言是 JavaScript。JavaScript 在 Node.js 誕生之前是執行在瀏覽器上的腳本語言，其優勢就是對網頁上的 DOM 元素操作，在網頁操作上這是別的語言無法比擬的。而爬蟲程式就是透過 HTTP 請求獲取到網頁程式，然後再解析網頁中的 DOM 結構，所以，Node.js 在解析 DOM 方面有著天然的優勢。

第二個方面，Node.js 是單執行緒非同步的。在作業系統中處理程序對 CPU 的佔有進行時間切片，每一個處理程序佔有的時間很短，但是所有處理程序循環很多次，因此看起來就像是多個任務在同時處理。JavaScript 也是一樣，

JavaScript 裡有事件池，CPU 會在事件池循環處理已經回應的事件，未處理完的事件不會放到事件池裡，因此不會阻塞後續的操作。在爬蟲上這樣的優勢就是在並行爬取頁面上，一個頁面未傳回不會阻塞後面的頁面繼續載入，要做到這個不用像 Python 那樣需要多執行緒。

12.2 基於 Node 實現的爬蟲程式

12.2.1 安裝相依套件

實現爬蟲程式，需要安裝必要的相依套件，安裝命令如下。

```
# 安裝 request 模組
cnpm i request --save

# 安裝 cheerio 模組
cnpm i cheerio --save

# 安裝 iconv-lite 模組
cnpm i iconv-lite --save
```

request 模組的功能是用來建立對目標網頁的連結，並傳回對應的資料，其實就是在 Node 中用於發送 HTTP 請求的模組。

cheerio 的功能是用來操作 DOM 元素的，它可以把 request 傳回來的資料轉換成可供 DOM 操作的資料，cheerio 提供的 API 和操作 jQuery 類似，用 “$” 符號來選取對應的 DOM 節點，在這個方面對前端工程師來說非常容易上手。

request 傳回的資料中會存在中文亂碼，可以使用 iconv-lite 模組將傳回的內容進行轉碼。

12.2.2 實現抓取資料

本節的案例是使用 Node 撰寫一個爬蟲程式，實現抓取百度熱搜資料，抓取的網址是 http://top.baidu.com/buzz?b=1&c=513&fr=topbuzz_b341。效果如圖 12.1 所示。

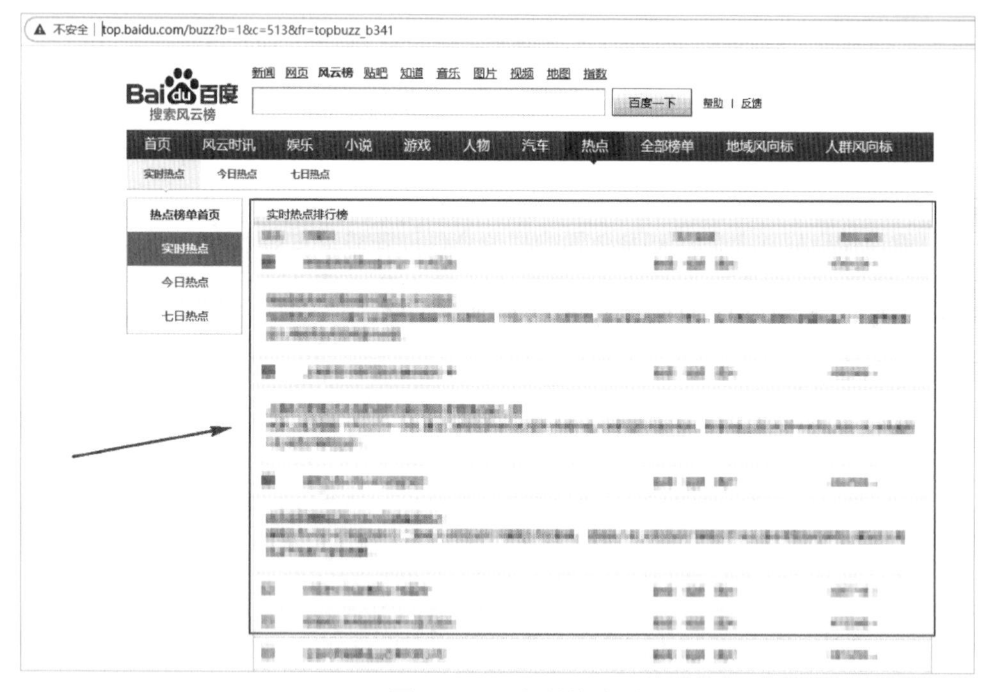

▲ 圖 12.1 百度熱搜資料

建立專案的根目錄，例如 d:\myapp，在根目錄下啟動命令列工具，執行以下命令。

```
# 初始化
npm init -y

# 安裝模組
cnpm i request cheerio iconv-lite --save
```

在 myapp 目錄下建立 index.js 檔案，範例程式如下。

```
const request = require('request')
const cheerio = require('cheerio')
const iconv = require('iconv-lite')

// 發起請求
request({
    encoding: null,
    url: 'http://top.baidu.com/buzz?b=1&c=513&fr=topbuzz_b341'
},function(error,res,body){

    // 獲取 HTML 程式的字串，使用 iconv-lite 解決亂碼問題
    var html = iconv.decode(body,'UTF-8').toString()

    // 解析 DOM，獲取超連結資料物件
    let data = setDatas(html)
    // 列印資料
    console.log(data);
})
// 解析 DOM 資料的函式
function setDatas(html){
    // 用於存放物件
    let datas = []

    // 使用 cheerio 解析
    var $ = cheerio.load(html)
    var table = $('table.list-table').children()

    // 遍歷 table 標籤的子元素
    table.each(function(index,element){
        // 獲取所有帶有標題的 a 標籤
        let a = $(this).find('a.list-title')

        // 遍歷所有的 a 標籤
        a.each(function(){

            // 獲取所有 a 標籤上的 href 和 title 屬性
            let href = $(this).attr('href')
            let title = $(this).text()
```

```
            // 把資料追加到陣列中
            datas.push({
                title,
                href
            })
        })
    })

    return datas
}
```

程式撰寫完成後，在命令列工具中執行：

```
node index
```

上面命令執行成功後，就實現了資料的抓取，效果如圖 12.2 所示（圖中對部分敏感性資料做了塗黑處理）。

```
C:\Windows\System32\cmd.exe

C:\Users\mac\Desktop\demo\pachong>node index
[
  {

    href: 'http://www.baidu.com/baidu?cl=3&tn=SE_baiduhomet8_jmjb7mjw&rsv_dl=fyb_t
op&fr=top1000&wd=%CC%D8%C0%CA%C6%D5%BD%AB%C0%AD%BA%DA89%BC%D2%D6%D0%C6%F3%A3%BF%D6
%D0%B7%BD%BB%D8%D3%A6'
  },
  {

    href: 'http://www.baidu.com/baidu?cl=3&tn=SE_baiduhomet8_jmjb7mjw&rsv_dl=fyb_t
op&fr=top1000&wd=%CC%EC%BD%F2%D2%BB%CE%DE%D6%A2%D7%B4%B8%D0%C8%BE%D5%DF%D7%AA%CE%A
A%C8%B7%D5%EF%B2%A1%C0%FD'
  },
  {

    href: 'http://www.baidu.com/baidu?cl=3&tn=SE_baiduhomet8_jmjb7mjw&rsv_dl=fyb_t
op&fr=top1000&wd=%E6%CF%B6%F0%CE%E5%BA%C5%BC%C6%BB%AE24%C8%D5%C1%E8%B3%BF%B7%A2%C9
```

▲ 圖 12.2 抓取的資料

12.2.3 實現爬蟲的方法

使用 Node 實現爬蟲程式有很多方法，最常見的有以下幾種。

1. http.get+cheerio+iconv-lite

這種方式相對比較簡單，容易理解，直接使用 HTTP 的 get 方法進行請求 URL，將得到的內容給 cheerio 解析，用 jQuery 的方式解析出要的內容即可。得到的結果中如果有中文亂碼，用 iconv-lite 模組將得到的內容進行轉碼。範例程式如下。

```
http.get(options,function(result){
  var body = [];
  result.on('data',function(chunk){
     body.push(chunk);
  });
  result.on('end', function () {
     var html = iconv.decode(Buffer.concat(body), 'UTF-8');// 注意這裡 body 是陣列
     var $ = cheerio.load(html);
     ...
  });
});
```

2. request+cheerio+iconv-lite

這種方式在獲取內容的方式上與上述方式有些不同，可以直接獲取到 Buffer 類型的資料，然後將得到的內容給 cheerio 解析，用 jQuery 的方式解析出想要的資料。如果出現中文亂碼，仍然是使用 iconv-lite 模組對內容進行轉碼。範例程式如下。

```
request(options,function(err,res,body){
  if(err)console.log(err);
  if(!err&&res.statusCode==200){
     var html = iconv.decode(body, 'UTF-8');       // 這裡 body 是直接拿到的是 Buffer 類型的
// 資料，可以直接解碼
     var $ = cheerio.load(html);
     ...
  }
});
```

3. superagent+cheerio+superagent-charset

這種方式相比前面兩個有較大差別，使用了 superagent 的 get 方法發起請求，解碼時用到了 superagent-charse，用法還是很簡單的，之後再將獲取到的內容給 cheerio 解析，用 jQuery 的方式解析出想要的資料。

如果出現中文亂碼可使用 superagent-charset 模組進行轉碼，方式較之上面有點差別。先在程式中載入 superagent-charset 模組，範例程式如下。

```
var charset = require("superagent-charset");

// 將 superagent 模組傳遞給 superagent-charset;
var superagent = charset(require("superagent"));
```

然後再對傳回結果進行解碼，範例程式如下。

```
// 用 charset 方法達到解碼效果
superagent.get(url)
  .charset('UTF-8')
  .end(function(err,result){
     if(err) console.log(err);
     var $ = cheerio.load(result.text);
     ...
  });
```

第13章 網路程式開發

Node 具有事件驅動、非阻塞、單執行緒、非同步 IO 等特性，很適合用於建構網路伺服器端平台，其簡單輕巧的特點，又適合在分散式服務中承擔各種任務。同時，Node 也提供了很多用於建構網路平台的 API，使用這些 API 可以方便地架設起一個網路伺服器。在 Web 開發領域，很多程式語言都需要有專門的 Web 伺服器作為容器，舉例來説，JSP 需要 Tomcat 伺服器，PHP 需要 Apache 或 Nginx 環境，ASP 需要 IIS 伺服器等。但是對於 Node 而言，只需要幾行程式就可以架設起一個伺服器，不需要額外的伺服器容器。

Node 中提供了用於處理 TCP、UDP、HTTP、HTTPS 等協定的 API，很適合用於建構伺服器端和使用者端。

13.1 Node 建構 TCP 服務

13.1.1 TCP

TCP 是傳輸控制協定，在 OSI 模型中屬於傳輸層協定。OSI 模型有七層，由底到頂分別是物理層、資料連結層、網路層、傳輸層、會談層、展現層、應用層，每一層實現各自的功能和協定，並完成與相鄰層的介面通訊。OSI 的服務定義詳細説明了各層所提供的服務。某一層的服務就是該層及其下各層的一種能力，它們透過介面提供給更高一層。各層所提供的服務與這些服務是怎麼實現的無關。OSI 模型七層協定示意圖如圖 13.1 所示。

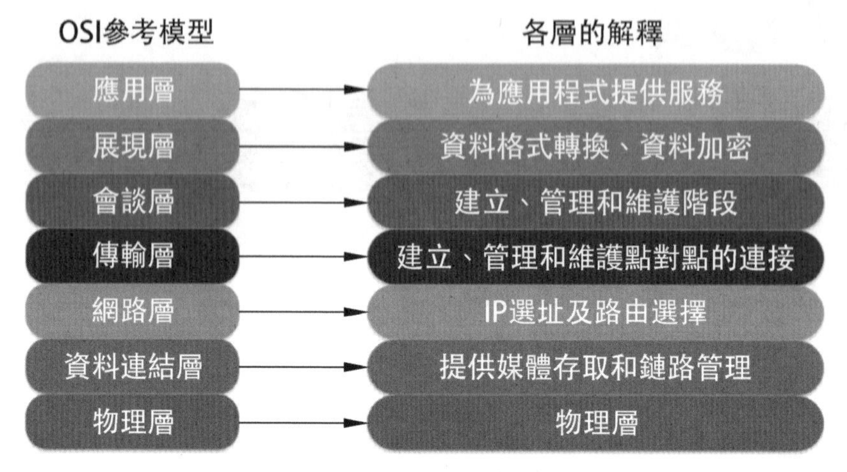

▲ 圖 13.1 OSI 模型七層協定示意圖

許多應用層協定都是基於 TCP 建構的，其中最典型的有 HTTP、SMTP、IMAP 等協定。TCP 是連線導向的協定，其顯著的特徵是在傳輸之前需要 3 次握手形成階段，伺服器和使用者端在階段建立之後才能互通資料。在建立階段的過程中，伺服器和使用者端分別提供一個通訊端，這兩個通訊端共同形成一個連接。伺服器和使用者端則透過通訊端實現兩者之間的連接操作，效果如圖 13.2 所示。

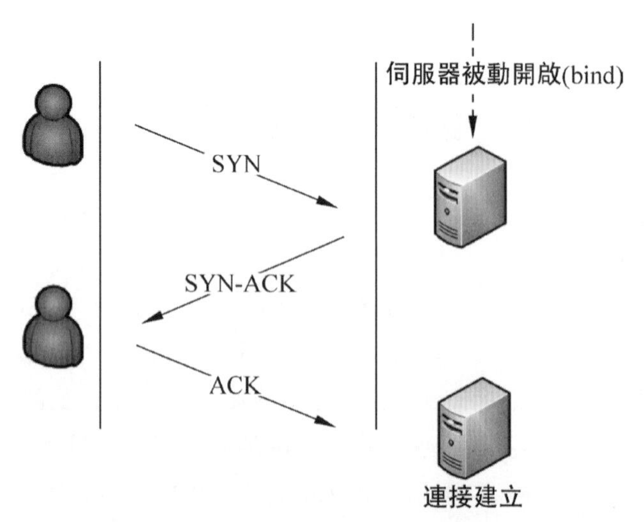

▲ 圖 13.2 TCP 建立階段的 3 次揮手示意圖

13.1.2 建構 TCP 伺服器

使用 Node.js 建立 TCP 伺服器，首先要使用 require('net') 來載入 net 模組，之後使用 net 模組的 createServer 方法就可以建立一個 TCP 伺服器。範例程式如下。

```
net.createServer([options],[connectionListener])
```

options 是一個物件參數值，有兩個布林類型的屬性：allowHalfOpen 和 pauseOnConnect。這兩個屬性預設值都是 false。connectionListener 是一個當使用者端與伺服器端建立連接時的回呼函式，這個回呼函式以 socket 通訊埠物件作為參數。範例程式如下。

```
// 引入 net 模組
var net=require('net');
// 建立 TCP 伺服器
var server=net.createServer(function(socket){

    console.log('hello');

})
```

使用 TCP 伺服器的 listen 方法就可以開始監聽使用者端的連接，範例程式如下。

```
server.listen(port[,host][,backlog][,callback]);
```

port 參數為需要監聽的通訊埠編號，參數值為 0 時將隨機分配一個通訊埠編號；host 為伺服器地址；backlog 為等待佇列的最大長度；callback 為回呼函式。

下面建立一個 TCP 伺服器並監聽 8001 通訊埠，在本機的某一個資料夾中建立 index.js，然後撰寫建構 TCP 伺服器的程式，範例程式如下。

```
// 引入 net 模組
var net=require('net');
// 建立 TCP 伺服器
```

```
var server=net.createServer(function(socket){

    console.log('hello');

})
server.listen(8001,function(){

    console.log('server is listening');
});
```

在目前的目錄下啟動命令列工具，執行 node index.js 命令，啟動效果如圖 13.3 所示。

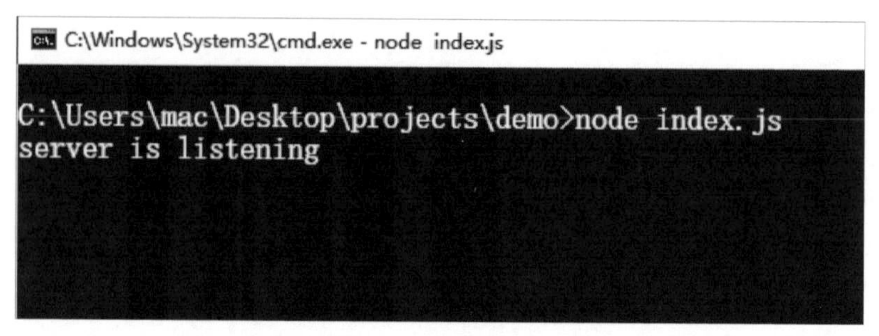

▲ 圖 13.3 啟動 TCP 服務

服務成功啟動後，在瀏覽器網址列中輸入"http://localhost:8001/"，連接成功後主控台就會列印出"someone connects"字樣，表明 createServer 方法的回呼函式已經執行，說明已經成功連接這個 TCP 伺服器。效果如圖 13.4 所示。

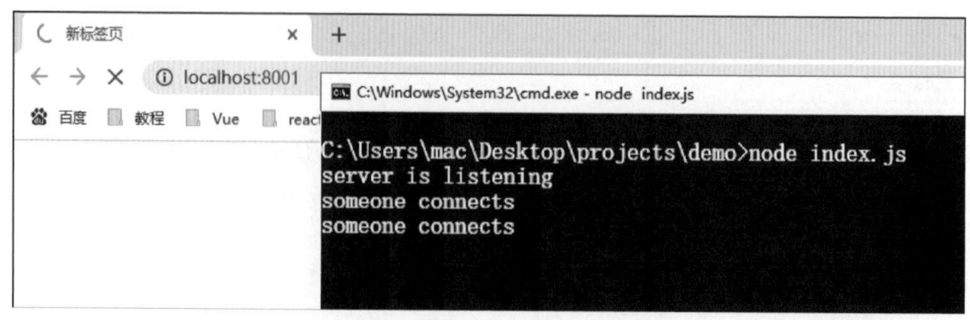

▲ 圖 13.4 向 TCP 伺服器發送請求

13.2 Node 建構 UDP 服務

13.2.1 UDP 協定

UDP 是使用者資料封包協定，屬於 OSI 七層模型中的網路傳輸層，與 TCP 類似。UDP 和 TCP 最大的區別是 TCP 是連線導向的，而 UDP 不是連線導向的。TCP 中連接一旦建立，所有的階段都基於連接完成，使用者端如果要與另一個 TCP 服務通訊，需要再建立一個通訊端來完成連接。但是，在 UDP 中一個通訊端可以與多個 UDP 服務通訊，它雖然提供事務導向的簡單不可靠資訊傳輸服務，但是在網路差的環境下存在著封包遺失嚴重的問題，但是由於它無須連接，資源消耗低，處理快速且靈活，所以常常應用在那種偶爾丟一兩個資料封包也不會產生嚴重影響的場景，如音訊、影片等。UDP 目前應用很廣泛，DNS 服務就是基於 DUP 實現的。

13.2.2 建立 UDP 通訊端

建立 UDP 通訊端十分簡單，UDP 通訊端一旦建立，既可以作為使用者端發送資料，也可以作為伺服器端接收資料。範例程式如下。

```
var dgram = require('dgram')
var socket = dgram.createSocket('udp4')
```

13.2.3 建立 UDP 伺服器和使用者端

如果想讓 UDP 通訊端實現接收網路訊息，只需要呼叫 dgram.bind(port, [address]) 方法對網路卡和通訊埠進行綁定就可以了。下面建立一個完整的伺服器端，範例程式如下。

```
const dgram = require('dgram');

// 建立 upd 通訊端
// 參數一表示通訊端類型，'udp4' 或 'udp6'
// 參數二表示事件監聽函式，'message' 事件監聽器
```

```
let server = dgram.createSocket('udp4');
// 綁定通訊埠和主機地址
server.bind(8888, '127.0.0.1');

// 有新資料封包被接收時，觸發
server.on('message', function (msg, rinfo) {
    //msg 表示接收到的資料
    //rinfo 表示遠端主機的位址資訊
    console.log(' 接收到的資料 : ', msg.toString());
    console.log(rinfo);

    // 發送資料，如果發送資料之前沒有綁定過位址和通訊埠，則會隨機分配通訊埠
    // 參數 1 表示要發送的資料 string 或 buffer
    // 參數 2 表示發送資料的偏移量
    // 參數 3 表示發送資料的位元組數
    // 參數 4 表示目標通訊埠
    // 參數 5 表示目標主機名稱或 IP 位址
    // 參數 6 表示訊息發送完畢後的回呼函式
    server.send(' 你好 ', 0, 6, rinfo.port, rinfo.address);
});

// 開始監聽資料封包時，觸發
server.on('listening', function () {
    console.log(' 監聽開始 ');
});

// 使用 close() 關閉 socket 之後觸發
server.on('close', function () {
    console.log(' 關閉 ');
});

// 發生錯誤時觸發
server.on('error', function (err) {
    console.log(err);
});
```

接下來建立一個使用者端與伺服器端進行通話，範例程式如下。

```
const dgram = require('dgram');

let client = dgram.createSocket('udp4');
client.bind(3333, '127.0.0.1');

client.on('message', function (msg, rinfo) {
    console.log(msg.toString());
});

client.on('error', function (err) {
    console.log(err);
});

// 給 8888 通訊埠的 UDP 發送資料
client.send(' 你好 ', 0, 6, 8888, '127.0.0.1', function (error, bytes) {
    if (error){
        console.log(error);
    }
    console.log(' 發送了 ${bytes} 個位元組資料 ');
});
```

UDP 中伺服器與使用者端並沒有嚴格的劃分，既可以作為伺服器接收資料處理資料，也可以像使用者端一樣請求資料，彼此之間相對獨立。

13.3 Node 建構 HTTP 服務

13.3.1 初識 HTTP 協定

HTTP（Hyper Text Transfer Protocol，超文字傳輸協定）建構在 TCP 之上，屬於應用層協定。在 HTTP 的兩端是伺服器和瀏覽器，也就是 B/S 架構模式，主要應用於 Web 開發。Node 提供了基本的 http 和 https 模組用於 HTTP 和 HTTPS 的封裝，所以使用 Node 建構 HTTP 伺服器非常簡單。

從協定的角度來看，現在的應用，如瀏覽器，其實就是一個 HTTP 的代理，使用者的行為將透過它轉為 HTTP 請求封包發送給伺服器端，伺服器端在處理請求後，發送回應封包給代理，代理在解析封包後，將使用者需要的內容呈現在介面上。

13.3.2 Node 中的 http 模組

Node 的 http 模組包含對 HTTP 處理的封裝，在 Node 中，HTTP 服務繼承自 TCP 伺服器（net 模組），它能夠與多個使用者端保持連接，由於其採用事件驅動的形式，並不為每一個連接建立額外的執行緒或處理程序，保持很低的記憶體佔用，所以可以實現高並行。

HTTP 服務與 TCP 服務模型的區別在於，在開啟 keep-alive 後，一個 TCP 階段可以用於多次請求和回應，TCP 服務以 connection 為單位進行服務，HTTP 服務以 request 為單位進行服務。http 模組就是將 connection 到 request 的過程進行了封裝。除此之外，http 模組將連接所用的通訊端的讀寫抽象為 ServerRequest 和 ServerResponse 物件，分別對應請求和回應操作。在請求產生的過程中，http 模組拿到連接中傳過來的資料，呼叫二進位模組 http_parser 進行解析，在解析完請求封包的標頭後，觸發 request 事件，呼叫使用者的業務邏輯。

Node 提供的 http 模組主要用於架設 HTTP 伺服器端和使用者端，使用 HTTP 伺服器或使用者端功能必須呼叫 http 模組，範例程式如下。

```
var http = require('http');
```

下面演示一個最基本的 HTTP 伺服器架構，在本機的某個資料夾下建立一個 index.js 檔案，範例程式如下。

```
var http = require('http');

//建立伺服器
http.createServer( function (request, response) {
```

```
    response.write('hello')
    // 發送回應資料
    response.end();

}).listen(8080);

// 主控台會輸出以下資訊
console.log(' 伺服器已啟動 !');
```

在目前的目錄下啟動命令列工具，執行 node index.js 命令，伺服器啟動成功後，主控台效果如圖 13.5 所示。

在瀏覽器中存取 http://localhost:8080/，效果如圖 13.6 所示。

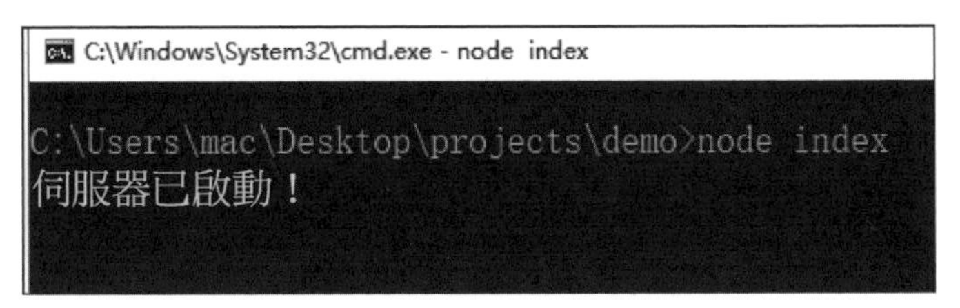

▲ 圖 13.5 啟動伺服器

▲ 圖 13.6 存取瀏覽器

13.4 Node 建構 WebSocket 服務

13.4.1 什麼是 WebSocket

WebSocket 是 HTML 5 新增的一種通訊協定，其特點是伺服器端可以主動向使用者端推送資訊，使用者端也可以主動向伺服器端發送資訊，是真正的雙向平等對話，屬於伺服器推送技術的一種。WebSocket 要達到的目的是讓使用者不需要刷新瀏覽器就可以獲得即時更新。效果如圖 13.7 所示。

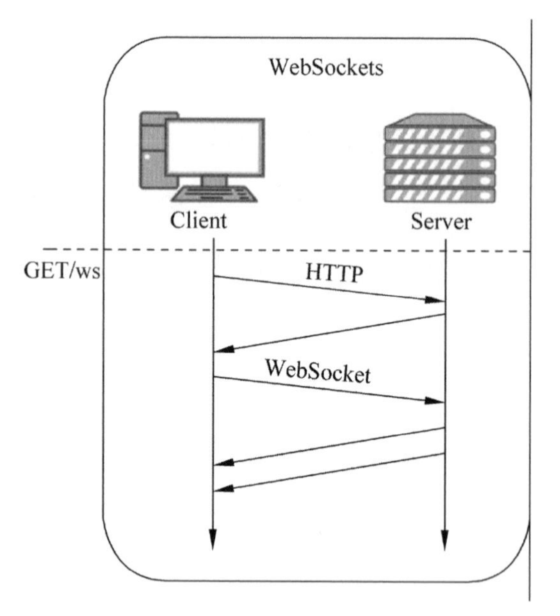

▲ 圖 13.7 WebSocket 通訊示意圖

在 WebSocket 以前為了實現即時推送，經常使用的技術是 Ajax 輪詢，這種操作會給伺服器帶來很大的壓力，極大地消耗了伺服器的頻寬和資源。HTML 5 定義了 WebSocket 協定，可以更進一步地節省伺服器資源和頻寬並實現真正意義上的即時推送。

WebSocket 協定本質上是一個基於 TCP 的協定，它由通訊協定和程式設計 API 組成，WebSocket 能夠在瀏覽器和伺服器之間建立雙向連接，以基於事件的方式，賦予瀏覽器即時通訊能力。既然是雙向通訊，就表示伺服器端和使用者端可以同時發送並回應請求，而不再像 HTTP 的請求和回應。

13.4.2 WebSocket 實例的屬性與方法

1. WebSocket 建構函式

WebSocket 物件作為一個建構函式，用於新建 WebSocket 實例，範例程式如下。

```
var ws = new WebSocket('ws://localhost:8080');
```

執行上面的範例程式後，使用者端就會與伺服器進行連接。

2. webSocket.readyState

readyState 屬性傳回實例物件的當前狀態，共有四種。

（1）CONNECTING：值為 0，表示正在連接。

（2）OPEN：值為 1，表示連接成功，可以通訊了。

（3）CLOSING：值為 2，表示連接正在關閉。

（4）CLOSED：值為 3，表示連接已經關閉，或開啟連接失敗。

獲取到當前 WebSocket 實例後，可以透過 readyState 屬性判斷當前的狀態，範例程式如下。

```
switch (ws.readyState){
  case WebSocket.CONNECTING:
    //do something
    break;
  case WebSocket.OPEN:
    //do something
    break;
```

```
    case WebSocket.CLOSING:
      //do something
      break;
    case WebSocket.CLOSED:
      //do something
      break;
    default:
      //this never happens
      break;
}
```

3. webSocket.onopen

實例物件的 onopen 屬性，用於指定連接成功後的回呼函式。範例程式如下。

```
ws.onopen = function (){
  ws.send('Hello Server!');
}
```

如果要指定多個回呼函式，可以使用 addEventListener 方法。

```
ws.addEventListener('open', function (event) {
  ws.send('Hello Server!');
});
```

4. webSocket.onclose

實例物件的 onclose 屬性，用於指定連接關閉後的回呼函式。範例程式如下。

```
ws.onclose = function(event){
  var code = event.code;
  var reason = event.reason;
  var wasClean = event.wasClean;
  //handle close event
};
```

```
ws.addEventListener("close", function(event) {
  var code = event.code;
  var reason = event.reason;
  var wasClean = event.wasClean;
  //handle close event
});
```

5. webSocket.onmessage

實例物件的 onmessage 屬性，用於指定收到伺服器資料後的回呼函式。範例程式如下。

```
ws.onmessage = function(event){
  var data = event.data;
  // 處理資料
};

ws.addEventListener("message", function(event) {
  var data = event.data;
  // 處理資料
});
```

注意，伺服器資料可能是文字，也可能是二進位資料（blob 物件或 ArrayBuffer 物件）。範例程式如下。

```
ws.onmessage = function(event){
  if(typeof event.data === String){
    console.log("Received data string");
}

  if(event.data instanceof ArrayBuffer){
    var buffer = event.data;
    console.log("Received arraybuffer");
  }
}
```

除了動態判斷收到的資料型態，也可以使用 binaryType 屬性，顯式指定收到的二進位資料類型。範例程式如下。

```
// 收到的是 blob 資料
ws.binaryType = "blob";
ws.onmessage = function(e){
  console.log(e.data.size);
};

// 收到的是 ArrayBuffer 資料
ws.binaryType = "arraybuffer";
ws.onmessage = function(e){
  console.log(e.data.byteLength);
};
```

6. webSocket.bufferedAmount

實例物件的 bufferedAmount 屬性，表示還有多少位元組的二進位資料沒有發送出去。它可以用來判斷發送是否結束。範例程式如下。

```
var data = new ArrayBuffer(10000000);
socket.send(data);

if (socket.bufferedAmount === 0){
  // 發送完畢
} else {
  // 發送還沒結束
}
```

7. webSocket.onerror

實例物件的onerror屬性，用於指定顯示出錯時的回呼函式。範例程式如下。

```
socket.onerror = function(event){
  //handle error event
};

socket.addEventListener("error", function(event) {
  //handle error event
});
```

8. webSocket.send()

實例物件的 send() 方法用於向伺服器發送資料。發送檔案範例程式如下。

```
ws.send('your message');
```

發送 Blob 物件範例程式如下。

```
var file = document
  .querySelector('input[type="file"]')
  .files[0];
ws.send(file);
```

發送 ArrayBuffer 物件範例程式如下。

```
//Sending canvas ImageData as ArrayBuffer
var img = canvas_context.getImageData(0, 0, 400, 320);
var binary = new Uint8Array(img.data.length);
for (var i = 0; i < img.data.length; i++){
  binary[i] = img.data[i];
}
ws.send(binary.buffer);
```

9. webSocket.close()

webSocket.close() 方法用於關閉 WebSocket 連接。如果連接已經關閉，則此方法不執行任何操作。該方法有以下兩個參數。

（1）code，可選參數，表示數字狀態碼，它解釋了連接關閉的原因。如果沒有傳遞這個參數，預設使用 1005。

（2）reason，可選參數，表示一個讀取的字串，它解釋了連接關閉的原因。這個 UTF-8 編碼的字串不能超過 123B。

13.4.3 建構 WebSocket 服務

在建立 WebSocket 伺服器之前，需要先安裝 nodejs-websocket 模組，安裝命令如下。

```
npm i nodejs-websocket -S
```

在本機的某一個資料夾下建立 server.js 檔案作為伺服器端，範例程式如下。

```
var ws = require("nodejs-websocket");
console.log(" 開始建立連接 ...")

var server = ws.createServer(function(conn){
  conn.on("text", function (str) {
    console.log("message:"+str)
    conn.sendText("My name is WebOne!");
  })
  conn.on("close", function (code, reason) {
    console.log(" 關閉連接 ")
  });
  conn.on("error", function (code, reason) {
    console.log(" 異常關閉 ")
  });
}).listen(8001)
console.log("WebSocket 建立完畢 ")
```

接下來是使用者端的 WebSocket 連接，範例程式如下。

```
if(window.WebSocket){
  var ws = new WebSocket('ws://localhost:8001');

  ws.onopen = function(e){
    console.log(" 連接伺服器成功 ");
    // 向伺服器發送訊息
    ws.send("what's your name?");
  }
  ws.onclose = function(e){
    console.log(" 伺服器關閉 ");
  }
  ws.onerror = function(){
    console.log(" 連接出錯 ");
  }
  // 接收伺服器的訊息
  ws.onmessage = function(e){
```

```
    let message = "message:"+e.data+"";
    console.log(message);
  }
}
```

在伺服器端檔案所在的目錄下啟動命令列工具，執行 node server.js 命令。伺服器啟動成功後，效果如圖 13.8 所示。

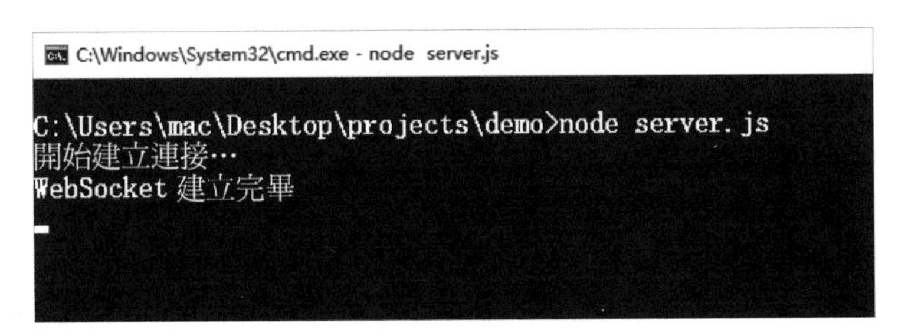

▲ 圖 13.8 啟動 Socket 服務

在瀏覽器中存取使用者端頁面，效果如圖 13.9 所示。

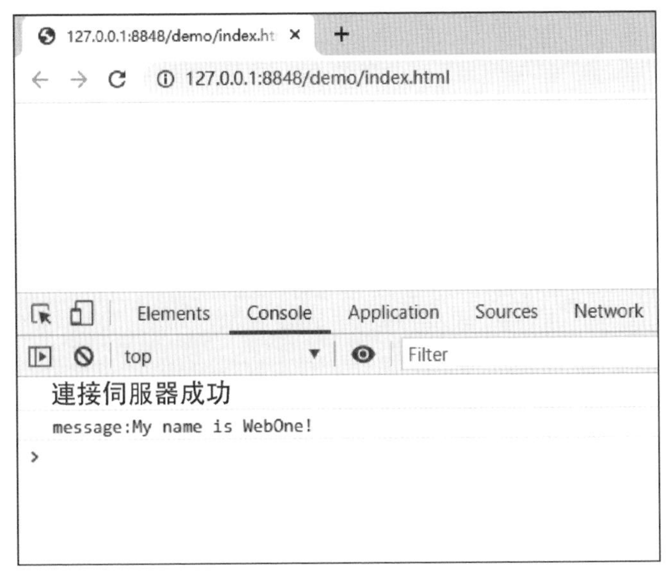

▲ 圖 13.9 存取使用者端瀏覽器

Socket 通訊建立後，伺服器會接收到使用者端連接的資訊，效果如圖 13.10 所示。

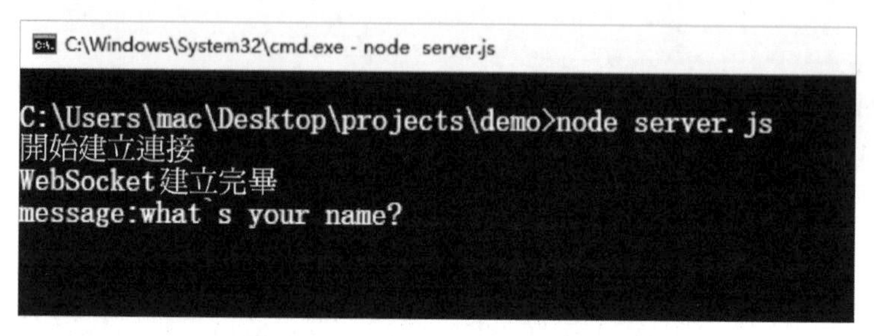

▲ 圖 13.10 伺服器接收使用者端連接

在使用者端發送 ws.send("what's your name?");，伺服器端回覆 conn.sendText("My name is WebOne!");，只要連接不斷開，就可以一直通訊。

第14章

專案實戰：Express 開發投票管理系統

本章將使用 Express 框架開發一個優秀人物投票評選管理系統（後面簡稱“投票系統”），該專案案例是基於 Express + MongoDB 實現伺服器端開發，使用 Layui 作為前端 UI 框架，是一個包含前台網站和後台管理系統的 Web 應用，適合有一定前端基礎的開發者進行學習。

14.1 專案概述

該投票系統分為前台 Web 網站和後台管理系統，使用者透過後台管理系統管理網站中的資料，後台管理系統主要有以下功能。

（1）候選物件管理。

（2）投票主題管理。

（3）系統使用者管理。

（4）投票環節管理。

（5）投票統計管理。

使用者在前台網站中可以為自己支持的候選人投票。

14.1.1 開發環境

本專案是基於 Express+MongoDB 開發的一款 Web 應用，使用 Express 基本架構工具建立專案。在指定的硬碟目錄處啟動命令列工具，舉例來說，在 C:\project 目錄下開啟命令列工具，並執行以下命令。

```
# 安裝基本架構
npm i -g express

# 建立專案
express -e toupiao
```

上面命令執行成功後，在本機建立名為 toupiao 的專案，在命令列視窗中進入到專案根目錄下，然後執行初始化相依的命令。

```
# 初始化相依
cnpm install

# 啟動專案
npm start
```

專案啟動成功後，在瀏覽器中造訪 http://localhost:3000/ 開啟專案的根目錄，效果如圖 14.1 所示。

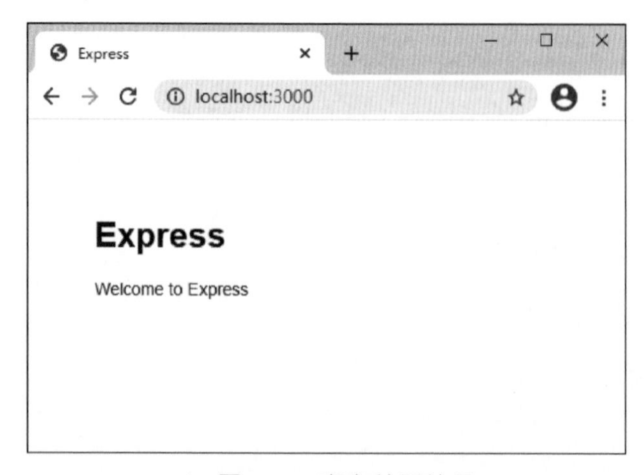

▲ 圖 14.1 專案首頁效果

14.1.2 專案結構

專案結構如圖 14.2 所示。

▲ 圖 14.2 專案結構

專案結構中主要檔案説明如下。

bin：專案的執行檔案管理目錄。

controller：專案的控制層，用於管理功能模組的業務邏輯。

db：資料庫管理目錄。

model：專案的資料模型層，用於管理 Schema 文件物件。

node_modules：專案的相依管理目錄。

public：專案靜態資源檔管理目錄。

routes：專案路由管理目錄。

views：專案範本引擎的視圖檔案管理目錄。

app.js：專案的入口檔案。

package.json：專案的 npm 設定檔。

14.2 資料庫設計

專案使用的 MongoDB 資料，首先要在本機開發環境下安裝 MongoDB 資料庫，在專案中使用 mongoose 協力廠商模組對資料做 CRUD 操作。執行下面的命令安裝 mongoose 模組。

```
cnpm i mongoose --save
```

14.2.1 連接資料庫

在專案根目錄下建立 db\connect.js 檔案，在檔案中撰寫連接資料庫的程式。範例程式如下。

```
var mongoose = require('mongoose')

function getConnect(){
    mongoose.connect('mongodb://localhost/toupiao')
    .then(() => console.log(' 資料庫連接成功 '))
    .catch(err => console.log(' 資料庫連接失敗 ', err));
}

module.exports = getConnect
```

在 app.js 入口檔案中引入 connect.js 檔案，並且呼叫 getConnect() 方法，在專案啟動後自動連接 MongoDB 資料庫。在 app.js 檔案中撰寫引入 connect.js 的程式。範例程式如下。

```
var getConnect = require('./db/connect');
getConnect();
```

14.2.2 建立 Schema 文件物件

在專案中建立好 Schema 文件物件後，如果需要操作的集合不存在，會自動在資料庫中建立對應的集合。在專案中建立 model\index.js 檔案，使用者管理專案中所有模組的 Schema 物件。範例程式如下。

```
var mongoose = require('mongoose')

// 使用者管理模型
const userSchema = new mongoose.Schema({
    username: String,
    password: String
});
const User = mongoose.model('users', userSchema);

// 投票主題管理
const voteSchema = new mongoose.Schema({
    title: String,              // 主題標題
    desc: String,               // 主題描述
    createTime: String,         // 建立時間
    startDate: String,          // 投票開始時間
    endDate: String,            // 投票結束時間
    persons: Array,             // 候選物件集合
    num: Number                 // 投票數
});
const Vote = mongoose.model('votes', voteSchema);

// 候選物件管理
const personSchema = new mongoose.Schema({
    name: String,               // 候選人姓名
    desc: String,               // 候選人介紹
    photo: String               // 候選人照片
});
const Person = mongoose.model('persons', personSchema);

// 投票環節管理
const flowpathSchema = new mongoose.Schema({
    createTime: String,         // 投票時間
    ip: String,                 // 網友 IP 位址
```

```
    address: String,            // 網友所在地區
    vote: Object,               // 投票主題
    person: Object,             // 投票物件
});
const Flowpath = mongoose.model('flowpaths', flowpathSchema);

module.exports = {
    User,
    Vote,
    Person,
    Flowpath
};
```

14.2.3 封裝 CRUD 函式

無論是哪個範本，都需要對資料進行增、刪、改、查操作，為了避免程式容錯，提升程式的可重複使用率，將所有操作增刪改查的程式封裝到 controller 控制層。建立 controller\index.js 檔案，範例程式如下。

```
/**
 * 控制層函式封裝
 * add(Entity,params,res)
 * update(Entity, where, params, res)
 * del(Entity, where, res)
 * find(Entity,where,res)
 * findOne(Entity, where, res)
 * findAll(Entity, page, pageSize, where, sort, res)
 */

/**
 * 用於增加資料的函式
 * @param {Object} Entity 要增加的資料庫物件
 * @param {Object} params 要增加的參數
 * @param {Object} res 回應物件
 */
function add(Entity, params, res) {
    Entity.create(params).then(rel => {
        if (rel) {
            res.json({
```

```
                code: 200,
                msg: '增加成功',
                data: rel
            })
        } else {
            res.json({
                code: 400,
                msg: '增加失敗',
                data: null
            })
        }

    }).catch(err => {
        res.json({
            code: 500,
            msg: '增加時出現異常',
            data: null
        })
    })
}

/**
 * 用於修改資料的函式
 * @param {Object} Entity 要修改的資料庫物件
 * @param {Object} where 修改查詢的條件
 * @param {Object} params 修改後的資料參數
 * @param {Object} res 回應物件
 */
function update(Entity, where, params, res) {
    Entity.updateOne(where, params).then(rel => {
        if (rel.n > 0) {
            res.json({
                code: 200,
                msg: '更新成功'
            })
        } else {
            res.json({
                code: 400,
                msg: '更新失敗'
            })
        }
```

```
    }).catch(err => {
        res.json({
            code: 500,
            msg: '更新時出現異常'
        })
    })
}

/**
 * 用於刪除資料的函式
 * @param {Object} Entity 要刪除的資料庫物件
 * @param {Object} where 要刪除條件的參數
 * @param {Object} res 回應物件
 */
function del(Entity, where, res) {
    Entity.findOneAndDelete(where).then(rel => {
        if (rel) {
            res.json({
                code: 200,
                msg: '刪除成功'
            })
        } else {
            res.json({
                code: 400,
                msg: '刪除失敗'
            })
        }

    }).catch(err => {
        res.json({
            code: 500,
            msg: '刪除時出現異常'
        })
    })
}

/**
 * 查詢單一元素
 * @param {Object} Entity 要查詢的資料庫物件
 * @param {Object} where 查詢準則
```

```
 * @param {Object} res 回應物件
 */
function findOne(Entity, where, res) {
    Entity.findOne(where).then(rel => {
        if (rel) {
            res.json({
                code: 200,
                msg: '查詢成功',
                data: rel
            })
        } else {
            res.json({
                code: 400,
                msg: '沒有查詢到資料',
                data: null
            })
        }
    }).catch(err => {
        res.json({
            code: 500,
            msg: '查詢時出現異常',
            data: null
        })
    })
}

/**
 * 查詢所有，不分頁
 * @param {*} Entity
 * @param {*} where
 * @param {*} res
 */
function find(Entity,where,res){
    if(!where){
        where = {}
    }
    Entity.find(where).then(rel=>{
        res.json({
            list: rel
        })
```

```
    }).catch(err=>{
        res.json({
            list: []
        })
    })
}

/**
 * 查詢資料量，傳回值為資料量值
 * @param {*} Entity 要查詢的實體物件
 * @param {*} where 查詢準則
 */
async function count(Entity,where){
    if(!where){
        where = {}
    }
    let count = 0;
    await Entity.find(where).count().then(rel=>{
        count = rel
    })

    return count
}

/**
 * 查詢所有元素 - 分頁
 * @param {Object} Entity 要查詢的資料庫物件
 * @param {Object} page 當前頁碼
 * @param {Object} pageSize 每頁查詢筆數
 * @param {Object} where 查詢準則
 * @param {Object} sort 排序條件
 * @param {Object} res 回應物件
 */
async function findAll(Entity, page, pageSize, where, sort, res) {
    // 處理頁面
    if (!page) {
        page = 1
    }else if(isNaN(page)){
        page = 1
    }else if(page<1){
```

```
        page = 1
    }else{
        page = Math.abs(Number(page))
    }

    // 處理每頁筆數
    if (!pageSize) {
        pageSize = 10
    }else if(isNaN(pageSize)){
        pageSize = 10
    }else{
        pageSize = Math.abs(Number(pageSize))
    }

    // 查詢總筆數
    let count = 0

    if(!where){
        where = {}
    }

    await Entity.find(where).count().then(rel => {
        count = rel
    })

    let totalPage = Math.ceil(count/pageSize)
    if(totalPage > 0 && page > totalPage){
        page = totalPage
    }

    // 計算起始位置
    let start = (page - 1) * pageSize

    // 分頁查詢
    if(!sort){
        sort = {}
    }

    await Entity.find(where).sort(sort).skip(start).limit(pageSize).then(rel => {
```

```
        if (rel && rel.length > 0) {
            res.json({
                code: 200,
                msg: '查詢成功',
                data: rel,
                pageSize,
                page,
                count
            })
        } else {
            res.json({
                code: 400,
                msg: '沒有查詢到資料',
                data: [],
                pageSize,
                page,
                count
            })
        }
    }).catch(err => {
        console.log(err)
        res.json({
            code: 500,
            msg: '查詢時出現異常',
            data: [],
            pageSize,
            page,
            count
        })
    })

}

module.exports = {
    add,        //增加函式
    update,     //修改函式
    del,        //刪除函式
    find,       //查詢所有，不分頁
    findOne,    //查詢單一元素
```

```
    findAll,      // 查詢所有元素
    count,        // 查詢資料量
}
```

14.2.4 封裝檔案上傳業務邏輯

在專案的增加候選人功能模組中，需要上傳候選人的照片，除此之外，將來為了方便上傳功能的程式重複使用，把上傳的業務邏輯封裝為 upload 函式。在 routes 目錄下建立 utils\upload.js 檔案，撰寫入檔案上傳的功能程式。範例程式如下。

```
var express = require('express');
var router = express.Router();
var multer = require('multer');
var fs = require('fs');
var path = require('path');

// 使用表單上傳
var upload = multer({
  storage: multer.diskStorage({
    // 設定檔案儲存位置
     destination: function(req, file, cb) {
       let date = new Date();
       let year = date.getFullYear();
       let month = (date.getMonth() + 1).toString().padStart(2, '0');
       let day = date.getDate();
       let dir = "./public/uploads/" + year + month + day;

       // 判斷目錄是否存在，沒有則建立
       if (!fs.existsSync(dir)) {
         fs.mkdirSync(dir, {
           recursive: true
         });
       }

       //dir 就是上傳檔案存放的目錄
       cb(null, dir);
     },
```

```
        //設定檔案名稱
        filename: function(req, file, cb) {
          let fileName = file.fieldname + '-' + Date.now() + path.extname(file.originalname);
         //fileName 就是上傳檔案的檔案名稱
         cb(null, fileName);
        }
    })
})

router.post('/file',upload.single("file") ,function(req,res,next){
    let path = req.file.path
    let imgurl = path.substring(path.indexOf('\\'))
     res.json({
      imgurl
    })
})

module.exports = router
```

14.3 設定前端開發環境

14.3.1 靜態檔案管理

專案中的所有靜態資源檔都在 public 目錄下進行管理，public 目錄下的靜態檔案分類效果如圖 14.3 所示。

▲ 圖 14.3 靜態資源檔目錄

public 目錄的檔案說明如下。

css：管理 .css 樣式檔案。

images：管理所有的圖片檔案。

js：管理 .js 指令檔。

layer：Layui 的彈框元件相依。

layui：Layui 框架的核心相依。

uploads：用於管理上傳檔案的目錄。

14.3.2 安裝相依

1. 安裝 session

開發系統使用者登入功能時，需要使用到階段追蹤的 session 物件和 Cookie 物件，在 Express 基本架構建立的專案中，附帶了 Cookie 模組，需要手動安裝 session，執行以下命令。

```
cnpm i express-session --save
```

session 模組安裝成功後，在 app.js 入口檔案中設定 session 資訊，範例程式如下。

```
var session = require('express-session');
app.use(session({
    secret: 'recommand 128 bytes random string',
    cookie: { maxAge: 20 * 60 * 1000 },
    resave: true,
    saveUninitialized: true
}));
```

session 的設定資訊必須在 cookie 物件設定資訊的後面，否則不會生效。

2. 安裝 multer

在實現上傳候選人照片功能時，需要使用檔案上傳的模組，執行以下命令安裝 multer 模組。

```
cnpm i multer --save
```

3. 安裝前端相依

在前端開發過程中需要使用的相依可以在對應的官網上下載，或使用 CDN 的方式引入，前端開發中的相依包括：jQuery，Layui，Layer，Vue.js。

14.4 後台功能模組開發

在整個後台管理系統中，所有頁面的跳躍都是使用路由完成的，為了統一管理頁面跳躍的路由，在 routes 目錄下建立 index.js 檔案，撰寫整個專案的路由管理程式。範例程式如下。

```
var express = require('express');
var router = express.Router();

/**
 * 頁面跳躍路由管理
 */

// 網站前台首頁
router.get('/', function(req, res, next) {
  res.render('index', { title: 'Express' });
});

// 後台登入
router.get('/admin/login', function(req, res, next) {
  res.render('admin/login', { msg: '' });
});
```

```
// 後台首頁
router.get('/admin/main', function(req, res, next) {
  let username = req.session.username
  if(username){
    res.render('admin/main',{
      username
    })
  }else{
    res.redirect('/admin/login')
  }
})

// 投票統計
router.get('/page/admin/count', function(req, res, next) {
  res.render('admin/count')
})

// 投票統計詳情
router.get('/page/admin/count/detail', function(req, res, next) {
  res.render('admin/count_detail')
})

// 投票環節
router.get('/page/admin/flowpath', function(req, res, next) {
  res.render('admin/flowpath')
})

// 增加候選物件
router.get('/page/admin/person/add', function(req, res, next) {
  res.render('admin/person_add')
})

// 增加候選物件
router.get('/page/admin/person/update', function(req, res, next) {
  res.render('admin/person_update')
})

// 所有候選物件
router.get('/page/admin/person/list', function(req, res, next) {
```

```
  res.render('admin/person_list')
})

// 增加新主題
router.get('/page/admin/vote/add', function(req, res, next) {
  res.render('admin/vote_add')
})

// 修改新主題
router.get('/page/admin/vote/update', function(req, res, next) {
  res.render('admin/vote_update')
})

// 所有投票主題
router.get('/page/admin/vote/list', function(req, res, next) {
  res.render('admin/vote_list')
})

// 增加使用者
router.get('/page/admin/user/add', function(req, res, next) {
  res.render('admin/user_add')
})

// 所有使用者
router.get('/page/admin/user/list', function(req, res, next) {
  res.render('admin/user_list')
})

// 修改使用者
router.get('/page/admin/user/update', function(req, res, next) {
  res.render('admin/user_update')
})

module.exports = router;
```

14.4.1 系統使用者登入

系統登入的頁面效果如圖 14.4 所示。

▲ 圖 14.4 後台系統登入頁面

設計系統登入頁面存取路由，路由位址為：

```
http://localhost:3000/admin/login
```

在 routes 目錄下建立 routes\admin\users.js 檔案，範例程式如下。

```
var express = require('express');
var router = express.Router();
var model = require('../../model');
var ctl = require('../../controller');

/**
 * 使用者管理
 */

// 使用者登入
```

```
router.post('/login', function(req, res, next) {
    let {username = '', password = ''} = req.body

    model.User.findOne({username,password}).then(rel=>{
      if(rel){
            req.session.username = username
        res.redirect('/admin/main')
      }else{
        res.render('admin/login',{
          msg: '帳號或密碼錯誤'
        })
      }
    }).catch(err=>{
      res.render('admin/login',{
        msg: '登入時出現異常'
      })
    })
});

//退出系統
router.get('/exit', function(req, res, next) {
  req.session.destroy(function(err){})
  res.redirect('/admin/login')
})

module.exports = router;
```

後台管理系統登入頁面使用的是 EJS 範本引擎，建立 views\admin\login.ejs 檔案，範例程式如下。

```
<!DOCTYPE html>
<html lang="en">
    <head>
        <meta charset="utf-8">
        <title>優秀人物投票評選管理系統 - 登入</title>
        <link rel="stylesheet" type="text/css" href="/css/style.css" />
        <style>
            .sys-title{
                color: #fff;
                font-size: 25px;
```

```
                font-weight: bold;
                text-align: center;
                line-height: 80px;
            }
        </style>
    </head>
    <body>
        <div class="main">
            <div class="mainin">
            <div class="sys-title">
                優秀人物投票評選管理系統
            </div>
            <form action="/admin/user/login" method="POST" class="mainin1">
                <ul>
                    <li>
                        <input name="username" value="admin" type="text"
autocomplete="off" placeholder=" 使用者名稱 " class="SearchKeyword"></li>
                    <li>
                        <input name="password" value="admin" type="password"
autocomplete="off" placeholder=" 密碼 " class="SearchKeyword2"></li>
                    <li>
                        <button class="tijiao"> 登入 </button>
                    </li>
                    <li style="color: red;">
                        <%=msg %>
                    </li>
                </ul>
            </form>
        </div>
    </div>
  <img src="/images/loading.gif" id="loading" style=" display:none;position:
absolute;" />
    <div id="POPLoading" class="cssPOPLoading">
        <div style=" height:110px; border-bottom:1px solid #9a9a9a">
            <div class="showMessge"></div>
        </div>
        <div style=" line-height:40px; font-size:14px; letter-spacing:1px;">
            <a onclick="puc()"> 確定 </a>
        </div>
    </div>
```

```
  </body>
</html>
```

系統登入成功後，進入後台首頁，管理系統後台首頁的視圖程式撰寫到 views\admin\main.ejs 檔案中，範例程式如下。

```
<!DOCTYPE html>
<html>
<head>
  <meta charset="utf-8">
  <meta name="viewport" content="width=device-width, initial-scale=1, maximum-scale=1">
  <title> 優秀人物投票評選管理系統 </title>
  <link rel="stylesheet" href="/layui/css/layui.css">
  <style>
     .main-body{
         position: absolute;
         width: 97%;
         height: 95%;
         border: 0;
      }
  </style>
</head>
<body class="layui-layout-body">
<div class="layui-layout layui-layout-admin">
  <div class="layui-header">
    <div class="layui-logo" style="color: #fff;font-weight: bold;">
        優秀人物投票評選管理系統
    </div>
    <ul class="layui-nav layui-layout-right">
      <li class="layui-nav-item">
        <span style="cursor: pointer;">
          <%=username %>
        </span>
      </li>
      <li class="layui-nav-item"><a href="/admin/user/exit"> 退出系統 </a></li>
    </ul>
  </div>

  <div class="layui-side layui-bg-black">
```

```
    <div class="layui-side-scroll">
      <ul class="layui-nav layui-nav-tree"  lay-filter="test">
        <li class="layui-nav-item"><a href="/page/admin/count" target="main">投票統計
</a></li>
        <li class="layui-nav-item"><a href="/page/admin/flowpath" target="main">投票環
節管理</a></li>
        <li class="layui-nav-item layui-nav-itemed">
          <a class=" href="javascript:;">候選物件管理</a>
          <dl class="layui-nav-child">
            <dd><a href="/page/admin/person/add" target="main">增加候選物件</a></dd>
            <dd><a href="/page/admin/person/list" target="main">所有候選物件</a></dd>
          </dl>
        </li>
        <li class="layui-nav-item layui-nav-itemed">
          <a href="javascript:;">投票主題管理</a>
          <dl class="layui-nav-child">
            <dd><a href="/page/admin/vote/add" target="main">增加新主題</a></dd>
            <dd><a href="/page/admin/vote/list" target="main">所有主題</a></dd>
          </dl>
        </li>
        <li class="layui-nav-item layui-nav-itemed">
            <a href="javascript:;">使用者管理</a>
            <dl class="layui-nav-child">
              <dd><a href="/page/admin/user/add" target="main">增加使用者</a></dd>
              <dd><a href="/page/admin/user/list" target="main">所有使用者</a></dd>
            </dl>
        </li>
        </ul>
      </div>
    </div>

    <div class="layui-body">
      <!-- 內容主體區域 -->
      <div style="padding: 15px;">
          <iframe src="/page/admin/count" name="main" class="main-body"></iframe>
      </div>
    </div>

</div>
```

```
<script src="/layui/layui.js"></script>
<script>
layui.use('element', function(){
  var element = layui.element;
});
</script>
</body>
</html>
```

14.4.2 系統使用者管理

在系統使用者管理模組下，可以實現增加新的系統使用者，效果如圖 14.5 所示。

▲ 圖 14.5 增加新使用者

增加系統使用者的業務邏輯程式撰寫到 routes\admin\user.js 檔案中，範例程式如下。

```
var express = require('express');
var router = express.Router();
var model = require('../../model');
var ctl = require('../../controller');

/**
 * 使用者管理
 */

// 查詢所有使用者
router.post('/findall', function(req, res, next) {
  let {page, pageSize} = req.body
  ctl.findAll(model.User,page,pageSize,null,null,res)
})

// 增加使用者
router.post('/add', function(req, res, next) {
  let {username, password} = req.body
  ctl.add(model.User,{username,password},res)
})

// 刪除使用者
router.post('/del', function(req, res, next) {
  let {id} = req.body
  ctl.del(model.User,{_id: id},res)
})

// 修改使用者
router.post('/update', function(req, res, next) {
  let {id,username,password} = req.body
  ctl.update(model.User,{_id:id},{username,password},res)
})

module.exports = router;
```

視圖檔案撰寫到 views\admin\user_add.ejs 檔案中，範例程式如下。

```
<!DOCTYPE html>
<html lang="en">

<head>
  <meta charset="UTF-8">
  <meta http-equiv="X-UA-Compatible" content="IE=edge">
  <meta name="viewport" content="width=device-width, initial-scale=1.0">
  <title> 增加使用者 </title>
  <link rel="stylesheet" href="/layui/css/layui.css">
  <style>
    [v-cloak]{
       display: none;
    }
</style>
</head>

<body>
    <fieldset class="layui-elem-field layui-field-title" style="margin-top: 30px;">
     <legend> 增加使用者 </legend>
    </fieldset>
    <div id="app" v-cloak>
      <div class="layui-form-item">
        <label class="layui-form-label"> 使用者名稱 </label>
        <div class="layui-input-inline">
          <input type="text" v-model.trim="username" autocomplete="off" placeholder="
請輸入使用者名稱 " class="layui-input">
        </div>
      </div>
      <div class="layui-form-item">
        <label class="layui-form-label"> 密碼 </label>
        <div class="layui-input-inline">
          <input type="password" v-model.trim="password" placeholder=" 請輸入密碼 "
autocomplete="off" class="layui-input">
        </div>
      </div>
      <div class="layui-form-item">
        <div class="layui-input-block">
```

```
        <button class="layui-btn" @click="submit">立即提交</button>
      </div>
    </div>
  </div>


  <script src="/js/jquery.js"></script>
  <script src="/js/vue.js"></script>
  <script src="/layer/layer.js"></script>
  <script src="/layui/layui.js"></script>
  <script>
    new Vue({
      el: '#app',
      data: {
        username: '',
        password: ''
      },
      methods: {
        submit() {
          if (this.username === '') {
            layer.msg('使用者名稱不能為空', function () { });
            return
          }
          if (this.password === '') {
            layer.msg('密碼不能為空', function () { });
            return
          }

          var _this = this
          $.post('/admin/user/add', {
            username: this.username,
            password: this.password
          }, function (res) {
            if (res.code === 200) {
              layer.msg('增加成功', { icon: 1 });
              _this.username = ''
              _this.password = ''
            } else {
              layer.msg('增加失敗', { icon: 2 });
```

```
            }
          })
        }
      }
    })

  </script>
</body>

</html>
```

系統使用者管理還包括系統使用者查詢、修改、刪除操作，效果如圖 14.6 所示。

優秀人物投票評選管理系統

投票統計
投票環節管理
候選物件管理
增加候選物件
所有候選物件
投票主題管理
增加新主題
所有主題
使用者管理
增加使用者
所有使用者

所有使用者

使用者名稱	操作
admin	修改 刪除
aaa	修改 刪除
hello	修改 刪除
tom	修改 刪除
b	修改 刪除
c	修改 刪除
d	修改 刪除
e	修改 刪除
f	修改 刪除
j	修改 刪除

上一頁 1 2 下一頁

▲ 圖 14.6 管理系統使用者

查詢使用者、刪除使用者、修改使用者的業務邏輯程式也被統一撰寫到 routes\admin\user.js 檔案中。查詢使用者和刪除使用者的視圖檔案撰寫到 views\admin\user_list.ejs 檔案中，範例程式如下。

```
<!DOCTYPE html>
<html lang="en">

<head>
  <meta charset="UTF-8">
  <meta http-equiv="X-UA-Compatible" content="IE=edge">
  <meta name="viewport" content="width=device-width, initial-scale=1.0">
  <title> 所有使用者 </title>
  <link rel="stylesheet" href="/layui/css/layui.css">
  <style>
    [v-cloak]{
       display: none;
    }
</style>
</head>

<body>
  <fieldset class="layui-elem-field layui-field-title" style="margin-top: 30px;">
   <legend> 所有使用者 </legend>
</fieldset>
  <div id="app" v-cloak>

    <table class="layui-table">
      <thead>
        <tr>
          <th> 使用者名稱 </th>
          <th> 操作 </th>
        </tr>
      </thead>
      <tbody>
        <tr v-for="item in list" :key="item._id">
          <td>{{item.username}}</td>
          <td>
            <button class="layui-btn layui-btn-normal layui-btn-xs"
@click="update(item)"> 修改 </button>
```

```
          <button class="layui-btn layui-btn-danger layui-btn-xs" @click="del(item.
username,item._id)"> 刪除 </button>
        </td>
      </tr>
    </tbody>
  </table>
  <div id="page"></div>
</div>


<script src="/js/jquery.js"></script>
<script src="/js/vue.js"></script>
<script src="/layer/layer.js"></script>
<script src="/layui/layui.js"></script>
<script>
var vm = new Vue({
  el: "#app",
  data: {
    count: 0,
    pageSize: 10,
    page: 1,
    totalPage: 0,
    list: [],
    laypage: {}
  },
  created() {
    this.getData()
  },
  mounted() {
    var _this = this
      layui.use(['laypage'], function () {
        laypage = layui.laypage
        laypage.render({
          elem: 'page',
          count: _this.count, // 資料總數
          limit: _this.pageSize, // 每頁筆數
          curr: _this.page, // 當前頁碼
          jump: function (obj, first) {
            if (!first) {
```

```
              _this.page = obj.curr
              _this.getData()
            }
          }
        });
      })
    },
    methods: {
      getData() {
        var _this = this
        $.post('/admin/user/findall', {
          page: this.page,
          pageSize: this.pageSize
        }, function (res) {
          _this.list = res.data
          _this.page = res.page
          _this.pageSize = res.pageSize
          _this.count = res.count
          _this.totalPage = Math.ceil(_this.count / _this.pageSize)
        })
      },
      del(name, id) {
        var _this = this
        layer.confirm('確定要刪除 ${name} 嗎？', {
          btn: ['刪除', '取消']
        }, function () {
        $.post('/admin/user/del', {
          id: id
        }, function (res) {
          if (res.code === 200) {
            _this.getData()
            layer.msg('刪除成功');
          } else {
            layer.msg('刪除失敗', { icon: 2 });
          }
        })
      });
    },
    update(user){
      sessionStorage.user = JSON.stringify(user)
```

```
                location.href = '/page/admin/user/update'
            }
        }
    })

  </script>
</body>

</html>
```

修改使用者的視圖檔案撰寫到 views\admin\user_update.ejs 檔案中，範例程式如下。

```
<!DOCTYPE html>
<html lang="en">

<head>
    <meta charset="UTF-8">
    <meta http-equiv="X-UA-Compatible" content="IE=edge">
    <meta name="viewport" content="width=device-width, initial-scale=1.0">
    <title> 修改使用者 </title>
    <link rel="stylesheet" href="/layui/css/layui.css">
    <style>
        [v-cloak]{
            display: none;
        }
    </style>
</head>

<body>
    <fieldset class="layui-elem-field layui-field-title" style="margin-top: 30px;">
        <legend> 修改使用者 </legend>
    </fieldset>
    <div id="app" v-cloak>
        <div class="layui-form-item">
            <label class="layui-form-label"> 使用者名稱 </label>
            <div class="layui-input-inline">
                <input type="text" v-model="username" autocomplete="off" placeholder="
請輸入使用者名稱 " class="layui-input">
```

```
            </div>
        </div>
        <div class="layui-form-item">
            <label class="layui-form-label">密碼</label>
            <div class="layui-input-inline">
                <input type="password" v-model="password" placeholder="請輸入密碼"
autocomplete="off" class="layui-input">
            </div>
        </div>
        <div class="layui-form-item">
            <div class="layui-input-block">
                <button class="layui-btn" @click="submit">立即修改</button>
            </div>
        </div>
    </div>

    <script src="/js/jquery.js"></script>
    <script src="/js/vue.js"></script>
    <script src="/layer/layer.js"></script>
    <script src="/layui/layui.js"></script>
    <script>
        new Vue({
            el: '#app',
            data: {
                id: '',
                username: '',
                password: ''
            },
            created() {
                let user = sessionStorage.user
                if (user) {
                    let userObj = JSON.parse(user)
                    this.username = userObj.username
                    this.password = userObj.password
                    this.id = userObj._id
                } else {
                    location.href = '/page/admin/user/list'
                }
            },
```

```
            methods: {
                submit() {
                    if (this.username === '') {
                        layer.msg('使用者名稱不能為空', function () { });
                        return
                    }
                    if (this.password === '') {
                        layer.msg('密碼不能為空', function () { });
                        return
                    }

                    var _this = this
                    $.post('/admin/user/update', {
                        id: this.id,
                        username: this.username,
                        password: this.password
                    }, function (res) {
                        if (res.code === 200) {
                            layer.msg('修改成功', { icon: 1 });
                        } else {
                            layer.msg('修改失敗', { icon: 2 });
                        }
                    })
                }
            }
        })

    </script>
</body>

</html>
```

14.4.3 候選物件管理

在候選物件管理模組下，可以實現增加候選物件，效果如圖 14.7 所示。

▲ 圖 14.7 增加候選物件

候選物件管理模組的業務邏輯程式統一撰寫到 routes\admin\person.js 檔案中，範例程式如下。

```
var express = require('express');
var router = express.Router();
var ctl = require('../../controller');
var model = require('../../model');



/**
 * 候選物件
 */
```

```
// 增加候選物件
router.post('/add', function(req, res, next) {
  let person = req.body
  ctl.add(model.Person,person,res)
});

// 查詢所有候選物件
router.post('/findall', function(req, res, next) {
  let {page, pageSize} = req.body
  ctl.findAll(model.Person,page,pageSize,null,null,res)
})

// 查詢所有候選物件（不分頁）
router.post('/queryall', function(req, res, next) {
  ctl.find(model.Person,{},res)
})

// 刪除候選物件
router.post('/del', function(req, res, next) {
  let {id} = req.body
  ctl.del(model.Person,{_id: id},res)
})

// 修改候選物件
router.post('/update', function(req, res, next) {
  let {id,name,photo,desc} = req.body
  ctl.update(model.Person,{_id:id},{name,photo,desc},res)
})

module.exports = router;
```

增加候選物件的視圖檔案撰寫到 views\admin\person_add.ejs 檔案中，範例程式如下。

```
<!DOCTYPE html>
<html lang="en">
<head>
    <meta charset="UTF-8">
    <meta http-equiv="X-UA-Compatible" content="IE=edge">
```

```
    <meta name="viewport" content="width=device-width, initial-scale=1.0">
    <title> 增加候選物件 </title>
    <link rel="stylesheet" href="/layui/css/layui.css">
    <style>
        .upload-img{
            width: 150px;
            height: 150px;
            border: 1px solid #ccc;
        }
        [v-cloak]{
            display: none;
        }
    </style>
</head>
<body>
    <fieldset class="layui-elem-field layui-field-title" style="margin-top: 30px;">
        <legend> 增加候選物件 </legend>
    </fieldset>
    <div id="app" v-cloak>
        <div class="layui-form-item">
          <label class="layui-form-label"> 姓名 </label>
          <div class="layui-input-inline">
            <input type="text" v-model.trim="name" autocomplete="off" placeholder=" 請輸
入使用者名稱 " class="layui-input">
          </div>
        </div>
        <div class="layui-form-item">
            <label class="layui-form-label"> 照片 </label>
            <div class="layui-input-inline layui-upload">
                <button type="button" class="layui-btn" id="test1"> 上傳圖片 </button>
                <div class="layui-upload-list">
                   <img v-show="imgurl != ''" class="upload-img" :src="imgurl">
                </div>
            </div>
          </div>
          <div class="layui-form-item">
            <label class="layui-form-label"> 個人介紹 </label>
            <div class="layui-input-block">
                <textarea v-model.trim="desc" placeholder=" 請輸入內容 " class="layui-
textarea"></textarea>
```

```
          </div>
        </div>
      <div class="layui-form-item">
        <div class="layui-input-block">
          <button class="layui-btn" @click="submit"> 立即提交 </button>
        </div>
      </div>
    </div>
<script src="/js/jquery.js"></script>
<script src="/js/vue.js"></script>
<script src="/layer/layer.js"></script>
<script src="/layui/layui.js"></script>
<script>
    new Vue({
        el: '#app',
        data: {
            name: '',
            imgurl: '',
            desc: ''
        },
        mounted(){
            var _this = this
            layui.use('upload', function(){
                var upload = layui.upload;

                // 執行實例
                var uploadInst = upload.render({
                    elem: '#test1' // 綁定元素
                    ,url: '/upload/file' // 上傳介面
                    ,done: function(res){
                        // 上傳完畢回呼
                        _this.imgurl = res.imgurl
                    }
                    ,error: function(){
                        // 請求異常回呼
                        layer.msg(' 照片上傳失敗 ',function(){})
                    }
                });
            });
```

```
            },
            methods: {
                submit() {
                    if(this.name === ''){
                        layer.msg('姓名不能為空',function(){})
                        return
                    }
                    if(this.imgurl === ''){
                        layer.msg('照片不能為空',function(){})
                        return
                    }
                    if(this.desc === ''){
                        layer.msg('個人介紹不能為空',function(){})
                        return
                    }

                    var _this = this
                    $.post('/admin/person/add',{
                        name: this.name,
                        photo: this.imgurl,
                        desc: this.desc
                    },function(res){
                        if (res.code === 200) {
                            layer.msg('增加成功', { icon: 1 });
                            _this.name = ''
                            _this.imgurl = ''
                            _this.desc = ''
                        } else {
                            layer.msg('增加失敗', { icon: 2 });
                        }
                    })
                }
            }
        })
    </script>
</body>
</html>
```

候選物件管理模組還包括查詢候選物件、修改候選物件、刪除候選物件的操作，效果如圖 14.8 所示。

▲ 圖 14.8 候選物件管理

查詢和刪除候選物件的視圖檔案撰寫到 views\admin\person_list.ejs 檔案中，範例程式如下。

```
<!DOCTYPE html>
<html lang="en">
<head>
    <meta charset="UTF-8">
    <meta http-equiv="X-UA-Compatible" content="IE=edge">
    <meta name="viewport" content="width=device-width, initial-scale=1.0">
    <title> 所有候選物件 </title>
    <link rel="stylesheet" href="/layui/css/layui.css">
    <style>
      [v-cloak]{
         display: none;
      }
  </style>
</head>
<body>
  <fieldset class="layui-elem-field layui-field-title" style="margin-top: 30px;">
     <legend> 所有候選物件 </legend>
```

```
 </fieldset>
  <div id="app" v-cloak>

     <table class="layui-table">
       <thead>
         <tr>
           <th> 照片 </th>
           <th> 姓名 </th>
           <th> 個人簡介 </th>
           <th> 操作 </th>
         </tr>
       </thead>
       <tbody>
         <tr v-for="item in list" :key="item._id">
           <td>
               <img :src="item.photo" width="80px" height="80px" />
           </td>
           <td>{{item.name}}</td>
           <td>{{item.desc}}</td>
           <td>
             <button class="layui-btn layui-btn-normal layui-btn-xs"
@click="update(item)"> 修改 </button>
             <button class="layui-btn layui-btn-danger layui-btn-xs" @click="del(item.
name,item._id)"> 刪除 </button>
           </td>
         </tr>
       </tbody>
     </table>
     <div id="page"></div>
   </div>


   <script src="/js/jquery.js"></script>
   <script src="/js/vue.js"></script>
   <script src="/layer/layer.js"></script>
   <script src="/layui/layui.js"></script>
   <script>
     var vm = new Vue({
       el: "#app",
```

```
data: {
  count: 0,
  pageSize: 10,
  page: 1,
  totalPage: 0,
  list: [],
  laypage: {}
},
created() {
  this.getData()
},
mounted() {
  var _this = this
    layui.use(['laypage'], function () {
      laypage = layui.laypage
      laypage.render({
        elem: 'page',
        count: _this.count,      // 資料總數
        limit: _this.pageSize,   // 每頁筆數
        curr: _this.page,        // 當前頁碼
        jump: function (obj, first) {
          if (!first) {
            _this.page = obj.curr
            _this.getData()
          }
        }
      });
    })
},
methods: {
  getData() {
    var _this = this
    $.post('/admin/person/findall', {
      page: this.page,
      pageSize: this.pageSize
    }, function (res) {
      _this.list = res.data
      _this.page = res.page
      _this.pageSize = res.pageSize
      _this.count = res.count
```

```
          _this.totalPage = Math.ceil(_this.count / _this.pageSize)
        })
      },
      del(name, id) {
        var _this = this
        layer.confirm('確定要刪除 ${name} 嗎？', {
          btn: ['刪除', '取消']
        }, function () {
          $.post('/admin/person/del', {
            id: id
          }, function (res) {
            if (res.code === 200) {
              _this.getData()
              layer.msg('刪除成功');
            } else {
              layer.msg('刪除失敗', { icon: 2 });
            }
          })
        });
      },
      update(person){
        sessionStorage.person = JSON.stringify(person)
        location.href = '/page/admin/person/update'
      }
    }
  })

  </script>
</body>
</html>
```

修改候選物件的視圖檔案撰寫到 views\admin\person_update.ejs 檔案中，範例程式如下。

```
<!DOCTYPE html>
<html lang="en">
<head>
    <meta charset="UTF-8">
```

```
    <meta http-equiv="X-UA-Compatible" content="IE=edge">
    <meta name="viewport" content="width=device-width, initial-scale=1.0">
    <title> 修改候選物件 </title>
    <link rel="stylesheet" href="/layui/css/layui.css">
    <style>
        .upload-img{
            width: 150px;
            height: 150px;
            border: 1px solid #ccc;
        }
        [v-cloak]{
           display: none;
        }
    </style>
</head>
<body>
    <fieldset class="layui-elem-field layui-field-title" style="margin-top: 30px;">
       <legend> 修改候選物件 </legend>
    </fieldset>
    <div id="app" v-cloak>
        <div class="layui-form-item">
          <label class="layui-form-label"> 姓名 </label>
          <div class="layui-input-inline">
            <input type="text" v-model.trim="name" autocomplete="off" placeholder=" 請輸
入使用者名稱 " class="layui-input">
          </div>
        </div>
        <div class="layui-form-item">
            <label class="layui-form-label"> 照片 </label>
            <div class="layui-input-inline layui-upload">
                <button type="button" class="layui-btn" id="test1"> 上傳圖片 </button>
                <div class="layui-upload-list">
                    <img v-show="imgurl != ''" class="upload-img" :src="imgurl">
                </div>
            </div>
          </div>
          <div class="layui-form-item">
            <label class="layui-form-label"> 個人介紹 </label>
            <div class="layui-input-block">
```

```
                <textarea v-model.trim="desc" placeholder=" 請輸入內容 " class="layui-
textarea"></textarea>
              </div>
            </div>
          <div class="layui-form-item">
            <div class="layui-input-block">
              <button class="layui-btn" @click="submit"> 立即修改 </button>
            </div>
          </div>
        </div>

    <script src="/js/jquery.js"></script>
    <script src="/js/vue.js"></script>
    <script src="/layer/layer.js"></script>
    <script src="/layui/layui.js"></script>
    <script>
        new Vue({
            el: '#app',
            data: {
                id: '',
                name: '',
                imgurl: '',
                desc: ''
            },
            created(){
                let person = sessionStorage.person
                if(person){
                    person = JSON.parse(person)
                    this.name = person.name
                    this.imgurl = person.photo
                    this.desc = person.desc
                    this.id = person._id
                }
            },
            mounted(){
                var _this = this
                layui.use('upload', function(){
                    var upload = layui.upload;
```

```
            // 執行實例
            var uploadInst = upload.render({
                elem: '#test1'      // 綁定元素
                ,url: '/upload/file' // 上傳介面
                ,done: function(res){
                    // 上傳完畢回呼
                    _this.imgurl = res.imgurl
                }
                ,error: function(){
                    // 請求異常回呼
                    layer.msg(' 照片上傳失敗 ',function(){})
                }
            });
        });
    },
    methods: {
        submit() {
            if(this.name === ''){
                layer.msg(' 姓名不能為空 ',function(){})
                return
            }
            if(this.imgurl === ''){
                layer.msg(' 照片不能為空 ',function(){})
                return
            }
            if(this.desc === ''){
                layer.msg(' 個人介紹不能為空 ',function(){})
                return
            }

            var _this = this
            $.post('/admin/person/update',{
                id: this.id,
                name: this.name,
                photo: this.imgurl,
                desc: this.desc
            },function(res){
                if (res.code === 200) {
                    layer.msg(' 修改成功 ', { icon: 1 });
```

```
                        } else {
                            layer.msg(' 修改失敗 ', { icon: 2 });
                        }
                    })
                }
            }
        })
    </script>
</body>
</html>
```

14.4.4 投票主題管理

在投票主題管理模組下，可以實現增加新主題，效果如圖 14.9 所示。

▲ 圖 14.9 增加新主題

投票主題管理模組的業務邏輯程式統一撰寫到 routes\admin\vote.js 檔案中，範例程式如下。

```
var express = require('express');
var router = express.Router();
```

```
var model = require('../../model');
var ctl = require('../../controller');

/**
 * 投票主題
 */

// 增加主題
router.post('/add', function(req, res, next) {
  let vote = req.body

  let date = new Date()
  let Y = date.getFullYear();
  let M = date.getMonth()+1;
  let D = date.getDate();
  let h = date.getHours();
  let m = date.getMinutes();
  let s = date.getSeconds()
  vote.createTime = '${Y}-${M}-${D} ${h}:${m}:${s}'
  vote.persons = JSON.parse(vote.persons)
  vote.num = 0

  ctl.add(model.Vote,vote,res)
})

// 查詢所有主題
router.post('/findall', function(req, res, next) {
  let {page, pageSize} = req.body
  ctl.findAll(model.Vote,page,pageSize,null,null,res)
})

// 查詢所有主題（不分頁）
router.post('/queryall', function(req, res, next) {
  ctl.find(model.Vote,{},res)
})

// 刪除主題
router.post('/del', function(req, res, next) {
  let {id} = req.body
```

```
  ctl.del(model.Vote,{_id: id},res)
})

// 修改主題
router.post('/update', function(req, res, next) {
  let {id,title,desc,startDate,endDate,persons} = req.body
  let params = {
    _id: id,
    title,
    desc,
    startDate,
    endDate,
    persons: JSON.parse(persons)
  }
  ctl.update(model.Vote,{_id:id},params,res)
})

module.exports = router;
```

增加候選物件的視圖檔案撰寫到 views\admin\vote_add.ejs 檔案中，範例程式如下。

```
<!DOCTYPE html>
<html lang="en">
<head>
    <meta charset="UTF-8">
    <meta http-equiv="X-UA-Compatible" content="IE=edge">
    <meta name="viewport" content="width=device-width, initial-scale=1.0">
    <title> 增加新主題 </title>
    <link rel="stylesheet" href="/layui/css/layui.css">
    <style>
        .person-ul{
            list-style: none;
            margin: 0;
            padding: 0;
        }
        .person-li{
            float: left;
            margin: 10px;
```

```
        }
        [v-cloak]{
            display: none;
        }
    </style>
</head>
<body>
    <fieldset class="layui-elem-field layui-field-title" style="margin-top: 30px;">
        <legend> 增加新主題 </legend>
    </fieldset>
    <div id="app" v-cloak>
        <div class="layui-form-item">
            <label class="layui-form-label"> 投票主題 </label>
            <div class="layui-input-block">
                <input type="text" v-model.trim="title" autocomplete="off" placeholder=" 請
輸入使用者名稱 " class="layui-input">
            </div>
        </div>
        <div class="layui-form-item">
            <label class="layui-form-label"> 主題介紹 </label>
            <div class="layui-input-block">
                <textarea v-model.trim="desc" placeholder=" 請輸入內容 " class="layui-
textarea"></textarea>
            </div>
        </div>
        <div class="layui-form-item">
            <label class="layui-form-label"> 候選物件 </label>
            <div class="layui-input-block">
                <ul class="person-ul">
                    <li class="person-li" v-for="item in personList" :key="item._id">
                        <input type="checkbox" v-model="persons" :value="item"
id="male" />
                        {{item.name}}
                    </li>
                </ul>
            </div>
        </div>
        <div class="layui-form-item">
            <div class="layui-inline">
                <label class="layui-form-label"> 開始時間 </label>
```

```
            <div class="layui-input-inline">
              <input type="text" id="date" placeholder="yyyy-MM-dd" autocomplete="off"
class="layui-input">
            </div>
          </div>
          <div class="layui-inline">
            <label class="layui-form-label">結束時間</label>
            <div class="layui-input-inline">
              <input type="text" id="date2" placeholder="yyyy-MM-dd" autocomplete="off"
class="layui-input">
            </div>
          </div>
        </div>


      <div class="layui-form-item">
        <div class="layui-input-block">
          <button class="layui-btn" @click="submit">立即提交</button>
        </div>
      </div>
    </div>

<script src="/js/jquery.js"></script>
<script src="/js/vue.js"></script>
<script src="/layer/layer.js"></script>
<script src="/layui/layui.js"></script>
<script>
    new Vue({
        el: '#app',
        data: {
            startDate: '',
            endDate: '',
            title: '',
            desc: '',
            persons: [],
            personList: []
        },
        created(){
            var _this = this
            $.post('/admin/person/queryall',function(res){
```

```
            _this.personList = res.list
        })
    },
    mounted(){
        var _this = this
        layui.use(['form','laydate'], function(){
            var form = layui.form;
            var laydate = layui.laydate;

            // 日期
            laydate.render({
                elem: '#date',
                type: 'datetime',
                format: 'yyyy-MM-dd HH:mm:ss'
            });
            laydate.render({
                elem: '#date2',
                type: 'datetime',
                format: 'yyyy-MM-dd HH:mm:ss'
            });
        });
    },
    methods: {
        submit() {
            let date = document.getElementById('date')
            let date2 = document.getElementById('date2')

            if(this.title === ''){
                layer.msg(' 主題不能為空 ',function(){})
                return
            }
            if(this.desc === ''){
                layer.msg(' 主題介紹不能為空 ',function(){})
                return
            }
            if(date.value.trim() === ''){
                layer.msg(' 開始時間不能為空 ',function(){})
                return
            }
            if(date2.value.trim() === ''){
```

```
                    layer.msg('結束時間不能為空',function(){})
                    return
                }
                if(this.persons.length <= 0){
                    layer.msg('候選物件不能為空',function(){})
                    return
                }

                var _this = this
                $.post('/admin/vote/add',{
                    title: this.title,
                    desc: this.desc,
                    startDate: date.value,
                    endDate: date2.value,
                    persons: JSON.stringify(this.persons)
                },function(res){
                    if (res.code === 200) {
                        layer.msg('增加成功', { icon: 1 });
                        _this.title = ''
                        _this.desc = ''
                        date.value = ''
                        date2.value = ''
                        _this.persons = []
                    } else {
                        layer.msg('增加失敗', { icon: 2 });
                    }
                })
            }
        }
    })
    </script>
</body>
</html>
```

投票主題管理模組還包括查詢候選物件、修改候選物件、刪除候選物件的操作，效果如圖 14.10 所示。

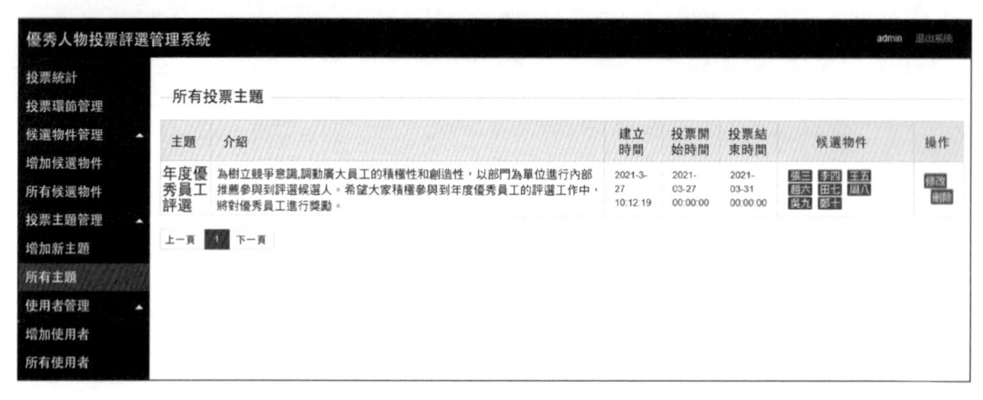

▲ 圖 14.10 投票主題管理

查詢和刪除投票主題的視圖檔案撰寫到 views\admin\vote_list.ejs 檔案中，範例程式如下。

```
<!DOCTYPE html>
<html lang="en">
<head>
    <meta charset="UTF-8">
    <meta http-equiv="X-UA-Compatible" content="IE=edge">
    <meta name="viewport" content="width=device-width, initial-scale=1.0">
    <title> 所有主題 </title>
    <link rel="stylesheet" href="/layui/css/layui.css">
    <style>
      [v-cloak]{
         display: none;
      }
   </style>
</head>
<body>
    <fieldset class="layui-elem-field layui-field-title" style="margin-top: 30px;">
       <legend> 所有投票主題 </legend>
    </fieldset>
    <div id="app" v-cloak>
```

```
        <table class="layui-table">
          <thead>
            <tr>
              <th> 主題 </th>
              <th> 介紹 </th>
              <th> 建立時間 </th>
              <th> 投票開始時間 </th>
              <th> 投票結束時間 </th>
              <th> 候選物件 </th>
              <th> 操作 </th>
            </tr>
          </thead>
          <tbody>
            <tr v-for="item in list" :key="item._id">
              <td>{{item.title}}</td>
              <td>{{item.desc}}</td>
              <td>{{item.createTime}}</td>
              <td>{{item.startDate}}</td>
              <td>{{item.endDate}}</td>
              <td>
                <span class="layui-badge layui-bg-green" v-for="item in item.persons"
:key="item._id" style="margin-right: 8px;">
                  {{item.name}}
                </span>
              </td>
              <td>
                <button class="layui-btn layui-btn-normal layui-btn-xs"
@click="update(item)"> 修改 </button>
                <button class="layui-btn layui-btn-danger layui-btn-xs"
@click="del(item.title,item._id)"> 刪除 </button>
              </td>
            </tr>
          </tbody>
        </table>
        <div id="page"></div>
      </div>
<script src="/js/jquery.js"></script>
<script src="/js/vue.js"></script>
<script src="/layer/layer.js"></script>
```

```
<script src="/layui/layui.js"></script>
<script>
    var vm = new Vue({
      el: "#app",
      data: {
        count: 0,
        pageSize: 10,
        page: 1,
        totalPage: 0,
        list: [],
        laypage: {}
      },
      created() {
        this.getData()
      },
      mounted() {
        var _this = this
          layui.use(['laypage'], function () {
            laypage = layui.laypage
            laypage.render({
              elem: 'page',
              count: _this.count,    // 資料總數
              limit: _this.pageSize, // 每頁筆數
              curr: _this.page,      // 當前頁碼
              jump: function (obj, first) {
                if (!first) {
                  _this.page = obj.curr
                  _this.getData()
                }
              }
            });
       })
    },
    methods: {
      getData() {
        var _this = this
        $.post('/admin/vote/findall', {
          page: this.page,
          pageSize: this.pageSize
```

```
        }, function (res) {
          _this.list = res.data
          _this.page = res.page
          _this.pageSize = res.pageSize
          _this.count = res.count
          _this.totalPage = Math.ceil(_this.count / _this.pageSize)
          console.log(_this.list)
        })
        },
        del(title, id) {
          var _this = this
          layer.confirm('確定要刪除${title}嗎？', {
            btn: ['刪除', '取消']
          }, function () {
            $.post('/admin/vote/del', {
              id: id
            }, function (res) {
              if (res.code === 200) {
                _this.getData()
                layer.msg('刪除成功');
              } else {
                layer.msg('刪除失敗', { icon: 2 });
              }
            })
          });
        },
        update(vote){
          sessionStorage.vote = JSON.stringify(vote)
          location.href = '/page/admin/vote/update'
        }
      }
    })


  </script>
</body>
</html>
```

修改投票主題的視圖檔案撰寫到 views\admin\vote_update.ejs 檔案中，範例程式如下。

```
<!DOCTYPE html>
<html lang="en">
<head>
    <meta charset="UTF-8">
    <meta http-equiv="X-UA-Compatible" content="IE=edge">
    <meta name="viewport" content="width=device-width, initial-scale=1.0">
    <title> 修改投票主題 </title>
    <link rel="stylesheet" href="/layui/css/layui.css">
    <style>
        .person-ul{
            list-style: none;
            margin: 0;
            padding: 0;
        }
        .person-li{
            float: left;
            margin: 10px;
        }
        [v-cloak]{
           display: none;
        }
    </style>
</head>
<body>
    <fieldset class="layui-elem-field layui-field-title" style="margin-top: 30px;">
       <legend> 修改投票主題 </legend>
    </fieldset>
    <div id="app" v-cloak>
        <div class="layui-form-item">
          <label class="layui-form-label"> 投票主題 </label>
          <div class="layui-input-block">
            <input type="text" v-model.trim="title" autocomplete="off" placeholder="
請輸入使用者名稱 " class="layui-input">
          </div>
        </div>
        <div class="layui-form-item">
```

```
            <label class="layui-form-label"> 主題介紹 </label>
            <div class="layui-input-block">
                <textarea v-model.trim="desc" placeholder=" 請輸入內容 " class="layui-
textarea"></textarea>
            </div>
          </div>
          <div class="layui-form-item">
              <label class="layui-form-label"> 候選物件 </label>
              <div class="layui-input-block">
                <ul class="person-ul">
                     <li class="person-li" v-for="item in personList" :key="item._id">
                         <input type="checkbox" v-model="persons" :value="item" id=
"male" />
                         {{item.name}}
                     </li>
                </ul>
              </div>
            </div>
          <div class="layui-form-item">
              <div class="layui-inline">
                <label class="layui-form-label"> 開始時間 </label>
                <div class="layui-input-inline">
                  <input type="text" id="date" placeholder="yyyy-MM-dd" autocomplete="off"
class="layui-input">
                </div>
              </div>
              <div class="layui-inline">
                <label class="layui-form-label"> 結束時間 </label>
                <div class="layui-input-inline">
              <input type="text" id="date2" placeholder="yyyy-MM-dd" autocomplete="off"
class="layui-input">
            </div>
          </div>
        </div>



      <div class="layui-form-item">
        <div class="layui-input-block">
          <button class="layui-btn" @click="submit"> 立即提交 </button>
```

```
      </div>
    </div>
  </div>

<script src="/js/jquery.js"></script>
<script src="/js/vue.js"></script>
<script src="/layer/layer.js"></script>
<script src="/layui/layui.js"></script>
<script>
    new Vue({
        el: '#app',
        data: {
            id: '',
            startDate: '',
            endDate: '',
            title: '',
            desc: '',
            persons: [],
            personList: []
        },
        created(){
            var _this = this
            $.post('/admin/person/queryall',function(res){
               _this.personList = res.list
            })

            let vote = sessionStorage.vote
            if(vote){
                vote = JSON.parse(vote)
                this.id = vote._id
                this.title = vote.title
                this.desc = vote.desc
                this.persons = vote.persons
                this.startDate = vote.startDate
                this.endDate = vote.endDate
            }
        },
        mounted(){
            var _this = this
```

```
        layui.use(['form','laydate'], function(){
            var form = layui.form;
            var laydate = layui.laydate;

            //日期
            laydate.render({
                elem: '#date',
                type: 'datetime',
                format: 'yyyy-MM-dd HH:mm:ss',
                value: _this.startDate
            });
            laydate.render({
                elem: '#date2',
                type: 'datetime',
                format: 'yyyy-MM-dd HH:mm:ss',
                value: _this.endDate
            });
        });
    },
    methods: {
        submit() {
            let date = document.getElementById('date')
            let date2 = document.getElementById('date2')

            if(this.title === ''){
                layer.msg('主題不能為空',function(){})
                return
            }
            if(this.desc === ''){
                layer.msg('主題介紹不能為空',function(){})
                return
            }
            if(date.value.trim() === ''){
                layer.msg('開始時間不能為空',function(){})
                return
            }
            if(date2.value.trim() === ''){
                layer.msg('結束時間不能為空',function(){})
                return
```

```
                    }
                    if(this.persons.length <= 0){
                        layer.msg(' 候選物件不能為空 ',function(){})
                        return
                    }

                    var _this = this
                    $.post('/admin/vote/update',{
                        id: this.id,
                        title: this.title,
                        desc: this.desc,
                        startDate: date.value,
                        endDate: date2.value,
                        persons: JSON.stringify(this.persons)
                    },function(res){
                        if (res.code === 200) {
                            layer.msg(' 修改成功 ', { icon: 1 });
                        } else {
                            layer.msg(' 修改失敗 ', { icon: 2 });
                        }
                    })
                }
            }
        })
    </script>
</body>
</html>
```

14.4.5 投票環節管理

在投票環節管理模組下，只提供了查詢投票環境的功能，效果如圖 14.11 所示。

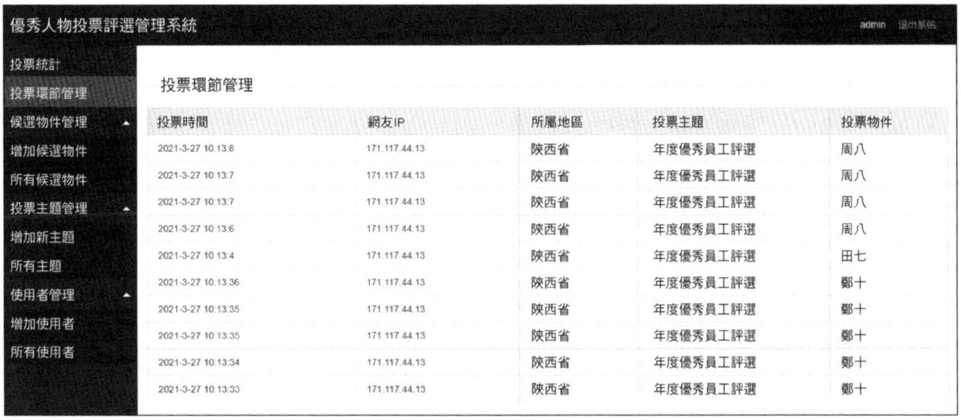

優秀人物投票評選管理系統　admin　退出系統

投票統計
投票環節管理
候選物件管理
增加候選物件
所有候選物件
投票主題管理
增加新主題
所有主題
使用者管理
增加使用者
所有使用者

投票環節管理

投票時間	網友IP	所屬地區	投票主題	投票物件
2021-3-27 10:13:8	171.117.44.13	陝西省	年度優秀員工評選	周八
2021-3-27 10:13:7	171.117.44.13	陝西省	年度優秀員工評選	周八
2021-3-27 10:13:7	171.117.44.13	陝西省	年度優秀員工評選	周八
2021-3-27 10:13:6	171.117.44.13	陝西省	年度優秀員工評選	周八
2021-3-27 10:13:4	171.117.44.13	陝西省	年度優秀員工評選	田七
2021-3-27 10:13:36	171.117.44.13	陝西省	年度優秀員工評選	鄭十
2021-3-27 10:13:35	171.117.44.13	陝西省	年度優秀員工評選	鄭十
2021-3-27 10:13:35	171.117.44.13	陝西省	年度優秀員工評選	鄭十
2021-3-27 10:13:34	171.117.44.13	陝西省	年度優秀員工評選	鄭十
2021-3-27 10:13:33	171.117.44.13	陝西省	年度優秀員工評選	鄭十

▲ 圖 14.11 投票環節管理

當使用者為候選人投票後，需要記錄本次投票的操作，所以新增投票記錄的操作是放到前台網站的功能中實現的，投票環節管理模組的業務邏輯程式統一撰寫到 routes\admin\flowpath.js 檔案中，範例程式如下。

```
var express = require('express');
var router = express.Router();
var model = require('../../model');
var ctl = require('../../controller');

/**
 * 投票流程
 */

// 網友投票
router.post('/vote', function(req, res, next) {
  let flowpath = req.body
  let date = new Date()
  let Y = date.getFullYear();
  let M = date.getMonth()+1;
  let D = date.getDate();
  let h = date.getHours();
  let m = date.getMinutes();
  let s = date.getSeconds()
  flowpath.createTime = '${Y}-${M}-${D} ${h}:${m}:${s}'
```

```
  flowpath.vote = JSON.parse(flowpath.vote)
  flowpath.person = JSON.parse(flowpath.person)

  ctl.add(model.Flowpath,flowpath,res)

});

// 查詢所有候選物件
router.post('/findall', function(req, res, next) {
  let {page, pageSize} = req.body
  ctl.findAll(model.Flowpath,page,pageSize,null,{createTime: -1},res)
})

module.exports = router;
```

查詢投票環節的視圖檔案撰寫到 views\admin\flowpath.ejs 檔案中，範例程式如下。

```
<!DOCTYPE html>
<html lang="en">
<head>
    <meta charset="UTF-8">
    <meta http-equiv="X-UA-Compatible" content="IE=edge">
    <meta name="viewport" content="width=device-width, initial-scale=1.0">
    <title> 投票環節 </title>
    <link rel="stylesheet" href="/layui/css/layui.css">
    <style>
        [v-cloak]{
           display: none;
        }
    </style>
</head>
<body>
    <fieldset class="layui-elem-field layui-field-title" style="margin-top: 30px;">
       <legend> 投票環節管理 </legend>
    </fieldset>
    <div id="app" v-cloak>
        <table class="layui-table">
          <thead>
```

```
      <tr>
        <th> 投票時間 </th>
        <th> 網友 IP</th>
        <th> 所屬地區 </th>
        <th> 投票主題 </th>
        <th> 投票物件 </th>
      </tr>
    </thead>
    <tbody>
      <tr v-for="item in list" :key="item._id">
        <td>{{item.createTime}}</td>
        <td>{{item.ip}}</td>
        <td>{{item.address}}</td>
        <td>{{item.vote.title}}</td>
        <td>{{item.person.name}}</td>
      </tr>
    </tbody>
  </table>
  <div id="page"></div>
</div>


<script src="/js/jquery.js"></script>
<script src="/js/vue.js"></script>
<script src="/layer/layer.js"></script>
<script src="/layui/layui.js"></script>
<script>
  var vm = new Vue({
    el: "#app",
    data: {
      count: 0,
      pageSize: 10,
      page: 1,
      list: [],
      laypage: {}
    },
    created() {
      this.getData()
    },
```

```
        mounted() {
          var _this = this
            layui.use(['laypage'], function () {
              laypage = layui.laypage
              laypage.render({
                elem: 'page',
                count: _this.count,       // 資料總數
                limit: _this.pageSize,    // 每頁筆數
                curr: _this.page,         // 當前頁碼
                jump: function (obj, first) {
                  if (!first) {
                    _this.page = obj.curr
                    _this.getData()
                  }
                }
              });
            })
          },
          methods: {
            getData() {
              var _this = this
              $.post('/admin/flowpath/findall', {
                page: this.page,
                pageSize: this.pageSize
              }, function (res) {
                _this.list = res.data
                _this.page = res.page
                _this.pageSize = res.pageSize
                _this.count = res.count
              })
            }
          }
        })


    </script>
</body>
</html>
```

14.4.6 投票統計管理

在投票統計模組中只能進行查詢操作，資料均來自使用者的投票記錄，效果如圖 14.12 所示。

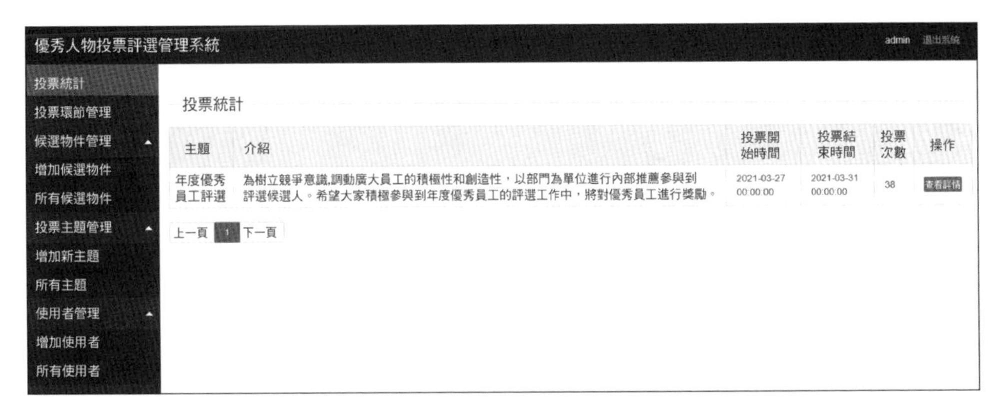

▲ 圖 14.12 投票統計查詢

在點擊查看投票資料的詳情時，會顯示具體的投票記錄和投票佔比，效果如圖 14.13 所示。

優秀人物投票評選管理系統　admin 退出系統

投票統計 / 投票環節管理 / 候選物件管理 / 增加候選物件 / 所有候選物件 / 投票主題管理 / 增加新主題 / 所有主題 / 使用者管理 / 增加使用者 / 所有使用者

《 返回

年度優秀員工評選

姓名	投票佔比(共38票)	得票數
張三	5%	2票
李四		1票
王五	5%	2票
趙六	7%	3票
田七	18%	7票
周八	10%	4票
吳九	31%	12票
鄭十	18%	7票

▲ 圖 14.13 投票佔比詳情

投票統計查詢的業務邏輯程式統一撰寫到 routes\admin\count.js 檔案中，範例程式如下。

```
var express = require('express');
var router = express.Router();
var model = require('../../model');
var ctl = require('../../controller');

/**
 * 投票統計
 */

// 查詢投票數量
router.post('/num', function(req, res, next) {
  let {id} = req.body
  model.Flowpath.find({"vote._id": id}).count().then(rel=>{
    res.json({
      num: rel
    })
  })

})

// 查詢候選物件選票
router.post('/person',async function(req, res, next) {
  let {voteid,personid} = req.body

  let count = 0
  await model.Flowpath.find({"vote._id": voteid}).count().then(rel=>{
    count = rel
  })

  let personNum = 0
  await model.Flowpath.find({"vote._id": voteid,"person._id": personid}).count().
then(rel=>{
    personNum = rel
  })

  res.json({
```

```
    count,
    personNum
  })

})


module.exports = router;
```

投票統計的視圖程式撰寫到 views\admin\count.ejs 檔案中，範例程式如下。

```
<!DOCTYPE html>
<html lang="en">
<head>
    <meta charset="UTF-8">
    <meta http-equiv="X-UA-Compatible" content="IE=edge">
    <meta name="viewport" content="width=device-width, initial-scale=1.0">
    <title>投票統計</title>
    <link rel="stylesheet" href="/layui/css/layui.css">
    <style>
        [v-cloak]{
           display: none;
        }
    </style>
</head>
<body>
    <fieldset class="layui-elem-field layui-field-title" style="margin-top: 30px;">
       <legend>投票統計</legend>
    </fieldset>
    <div id="app" v-cloak>

        <table class="layui-table">
          <thead>
            <tr>
              <th>主題</th>
              <th>介紹</th>
              <th>投票開始時間</th>
```

```
              <th> 投票結束時間 </th>
              <th> 投票次數 </th>
              <th> 操作 </th>
            </tr>
          </thead>
          <tbody>
            <tr v-for="item in list" :key="item._id">
              <td>{{item.title}}</td>
              <td>{{item.desc}}</td>
              <td>{{item.startDate}}</td>
              <td>{{item.endDate}}</td>
              <td>{{item.num}}</td>
              <td>
                <button class="layui-btn layui-btn-normal layui-btn-xs"
@click="show(item)"> 查看詳情 </button>
              </td>
            </tr>
          </tbody>
        </table>
        <div id="page"></div>
      </div>

      <script src="/js/jquery.js"></script>
      <script src="/js/vue.js"></script>
      <script src="/layer/layer.js"></script>
      <script src="/layui/layui.js"></script>
      <script>
        var vm = new Vue({
          el: "#app",
          data: {
            count: 0,
            pageSize: 10,
            page: 1,
            totalPage: 0,
            list: [],
            laypage: {}
          },
          created() {
            this.getData()
          },
```

```
mounted() {
  var _this = this
    layui.use(['laypage'], function () {
      laypage = layui.laypage
      laypage.render({
        elem: 'page',
        count: _this.count,       // 資料總數
        limit: _this.pageSize,    // 每頁筆數
        curr: _this.page,         // 當前頁碼
        jump: function (obj, first) {
          if (!first) {
            _this.page = obj.curr
            _this.getData()
          }
        }
      });
    })
  },
  methods: {
    getData() {
      var _this = this
      $.post('/admin/vote/findall', {
        page: this.page,
        pageSize: this.pageSize
      }, function (res) {
        _this.list = res.data
        _this.page = res.page
        _this.pageSize = res.pageSize
        _this.count = res.count
        _this.totalPage = Math.ceil(_this.count / _this.pageSize)

        _this.list.map((item,index)=>{
            _this.getNumber(item._id,index)
        })

      })
    },
    getNumber(id,index){
        var _this = this
        $.post('/admin/count/num', {
```

```
                    id
                }, function (res) {
                    _this.list[index].num = res.num
                })
            },
            show(vote){
              sessionStorage.voteData = JSON.stringify(vote)
              window.location.href = '/page/admin/count/detail'
            }
        }
    })

    </script>
</body>
</html>
```

投票統計的詳情頁的視圖程式撰寫到 views\admin\count_detail.ejs 檔案中，範例程式如下。

```
<!DOCTYPE html>
<html lang="en">
<head>
    <meta charset="UTF-8">
    <meta http-equiv="X-UA-Compatible" content="IE=edge">
    <meta name="viewport" content="width=device-width, initial-scale=1.0">
    <title>投票統計</title>
    <link rel="stylesheet" href="/layui/css/layui.css">
    <style>
        [v-cloak]{
            display: none;
        }
    </style>
</head>
<body>
    <div>
        <a href="/page/admin/count">
            <i class="layui-icon layui-icon-prev"></i>
            傳回
        </a>
```

```
    </div>
    <div id="app" v-cloak>
        <fieldset class="layui-elem-field layui-field-title" style="margin-top: 30px;">
            <legend>{{vote.title}}</legend>
        </fieldset>

        <table class="layui-table">
          <thead>
            <tr>
              <th> 姓名 </th>
              <th> 投票佔比 ( 共 {{vote.num}} 票 )</th>
              <th> 得票數 </th>
            </tr>
          </thead>
          <tbody>
            <tr v-for="item in vote.persons" :key="item._id">
              <td>{{item.name}}</td>
              <td>
                <div class="layui-progress layui-progress-big" lay-showPercent="yes">
                  <div class="layui-progress-bar layui-bg-green" :lay-percent="item.
num.zb"></div>
                </div>
              </td>
              <td>
                {{item.num.personNum}} 票
              </td>
            </tr>
          </tbody>
        </table>
        <div id="page"></div>
      </div>
    <script src="/js/jquery.js"></script>
    <script src="/js/vue.js"></script>
    <script src="/layer/layer.js"></script>
    <script src="/layui/layui.js"></script>
    <script>
      layui.use('element', function(){
          var element = layui.element;
      });
```

```
var vm = new Vue({
  el: "#app",
  data: {
    vote: {}
  },
  created() {
      let vote = sessionStorage.voteData
      if(!vote){
        window.location.href = '/page/admin/count'
      }
      this.vote = JSON.parse(vote)

      let list = this.vote.persons.map(item=>{
        let num = this.getNumber(item._id)
        num.zb = '${Math.floor(num.personNum/num.count * 100) }%'
        item.num = num
        return item
      })

      this.vote.persons = list
      console.log(this.vote.persons)
  },
  mounted(){

  },
  methods: {
    getNumber(id){
        let num = null
        $.ajax({
           async: false,
           url: '/admin/count/person',
           type: 'POST',
           data: {
               voteid: this.vote._id,
               personid: id
           },
           success: (res)=>{
               num = res
           }
        })
```

```
                return num
            },

            show(vote){

            }
          }
        })


      </script>
</body>
</html>
```

14.5 網站前台版面配置

前台網站提供給使用者參與投票的通路，在前台設定的功能包括選擇投票主題、展示投票時間、展示投票主題、展示候選人、查看候選人資料和為候選人投票。效果如圖 14.14 所示。

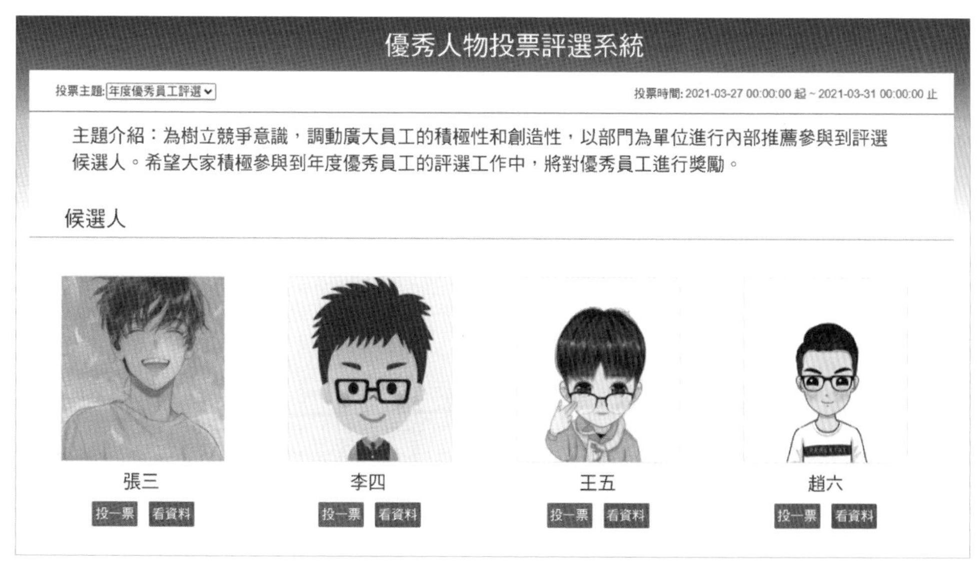

▲ 圖 14.14 網站首頁效果

當需要查看候選人資料時，在對應的候選人下面點擊“看資料”按鈕，使用彈出框的形式展示候選人的資料，效果如圖 14.15 所示。

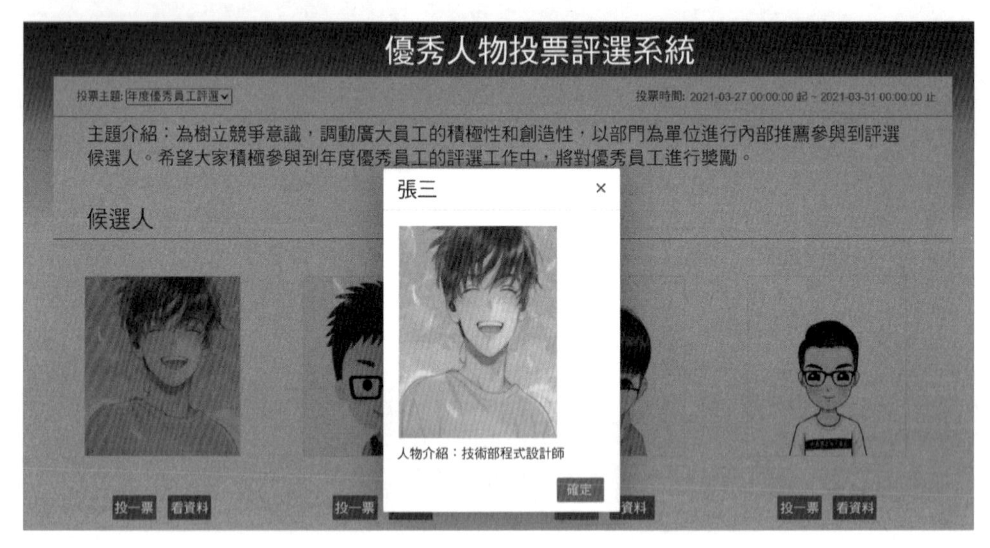

▲ 圖 14.15 查看候選人資料

當點擊“投一票”按鈕時，所有候選人的投票按鈕都會被禁用，每個使用者在每個主題下僅限一次投票機會，投票成功後彈出資訊提示。效果如圖 14.16 所示。

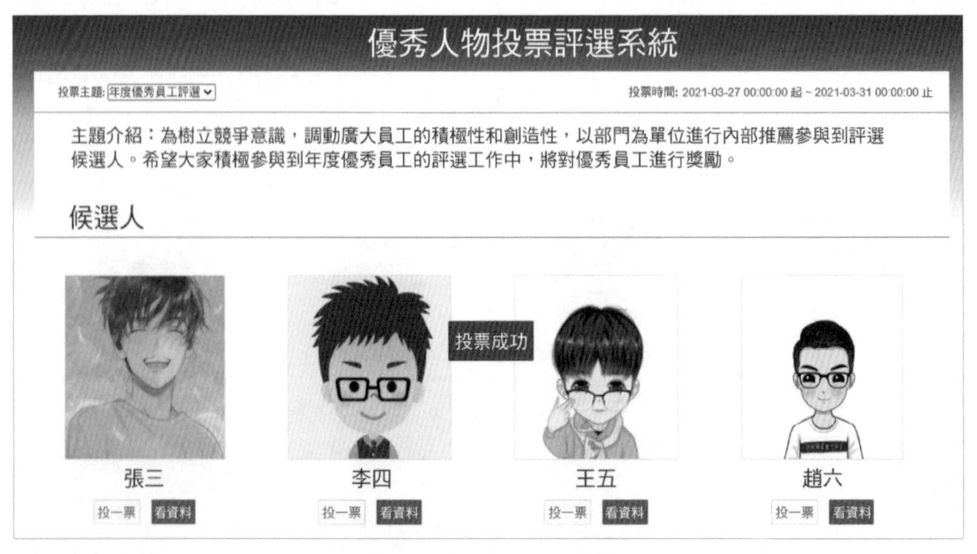

▲ 圖 14.16 投票效果

網站前台視圖檔案的程式撰寫到 views\index.ejs 檔案中，範例程式如下。

```
<!DOCTYPE html>
<html>
    <head>
        <meta charset="utf-8" />
        <title> 優秀人物投票評選系統 </title>
        <link rel="stylesheet" href="/layui/css/layui.css">
    <link rel="stylesheet" href="/css/index.css">
    <style>
      [v-cloak]{
        display: none;
      }
    </style>
      </head>
      <body>
          <div id="app" v-cloak>
              <div class="header">
                  <div class="header-title"> 優秀人物投票評選系統 </div>
                  <div class="header-nav">
                      <div class="nav-top">
              <div>
                投票主題：
                <select @change="changeVote">
                  <option v-for="item in votes" :key="item._id" :value="item._id">
                    {{item.title}}
                  </option>
                </select>
              </div>
              <div class="date-text">
                投票時間：{{vote.startDate}} 起 ~ {{vote.endDate}} 止
              </div>
            </div>
            <div class="header-desc">
              <b> 主題介紹：</b>
              {{vote.desc}}
            </div>
            <div class="header-bottom">
              <strong> 候選人 </strong>
            </div>
```

```
            </div>

          </div>
          <div class="content">
              <div class="person-item" v-for="item in vote.persons" :key="item._id">
        <img :src="item.photo" alt="">
        <span>{{item.name}}</span>
        <div>
          <button class="layui-btn layui-btn-sm" :class="isVote"
@click="handleVote(item)">投一票</button>
          <button class="layui-btn layui-btn-sm" @click="showDetail(item)">看資料</
button>
        </div>
      </div>
                  </div>
          </div>
    <script src="/js/jquery.js"></script>
    <script src="/js/vue.js"></script>
    <script src="/layer/layer.js"></script>
    <script src="/layui/layui.js"></script>
        <script src="http://pv.sohu.com/cityjson?ie=utf-8"></script>
        <script type="text/javascript">
            new Vue({
                el: "#app",
                data: {
                    ip: '',
                    address: '',
          votes: [],
          vote: {},
          isVote: 'layui-btn-danger'
                },
                created() {
                    this.ip = returnCitySN["cip"]
                    this.address = returnCitySN["cname"]

           this.getData()
                },
                methods: {
                    getData(){
```

```
            var _this = this
            $.post('/admin/vote/queryall',function(res){
             _this.votes = res.list
             _this.vote = _this.votes[0]
            })
          },
          changeVote(e){
            let id = e.target.value
            this.votes.map(item=>{
              if(item._id === id){
                this.vote = item
                return
              }
            })
          },
          handleVote(person){
            if(this.isVote === 'layui-btn-disabled'){
              return
            }
            var _this = this
            $.post('/admin/flowpath/vote',{
              ip: this.ip,
              address: this.address,
              vote: JSON.stringify(this.vote),
              person: JSON.stringify(person)
            },function(res){
              if(res.code){
                layer.msg('投票成功')
                _this.isVote = 'layui-btn-disabled'
              }
            })
          },
      showDetail(person){
        layer.open({
          title: person.name
          ,content: '<img src="${person.photo}" width="200px" height="260px" /><div><b>
人物介紹：</b>${person.desc}</div>'
                });
              }
```

```
            }
        })
    </script>
  </body>
</html>
```

網站首頁的樣式檔案撰寫到 public\css\index.css 檔案，範例程式如下。

```
html,
body {
    margin: 0;
    padding: 0;
}

.header {
    width: 100%;
    height: 260px;
    background-image: linear-gradient(#B60F06, #FEDB59, #fff);
}

.header-title {
    font-size: 25px;
    color: #fff;
    font-weight: bold;
    text-align: center;
    line-height: 60px;
}

.header-nav {
    height: 200px;
    width: 80%;
    margin: 10px auto;
    background-color: #fff;
    display: flex;
    flex-direction: column;
    justify-content: space-between;
}

.nav-top {
```

```
    height: 50px;
    display: flex;
    align-items: center;
    justify-content: space-between;
    box-sizing: border-box;
    padding: 0px 20px;
    border-bottom: 1px solid red;
}

.date-text {
    color: red;
}

.header-desc {
    font-size: 16px;
    box-sizing: border-box;
    padding: 10px 20px;
}

.header-bottom {
    font-size: 18px;
    box-sizing: border-box;
    padding: 0px 20px;
    border-bottom: 1px solid red;
    line-height: 40px;
}

.content {
    width: 80%;
    padding: 20px 0px;
    margin: 15px auto;
    display: flex;
    flex-wrap: wrap;
}

.person-item {
    width: 240px;
    height: 300px;
    margin: 20px 20px;
```

```
    display: flex;
    flex-direction: column;
    align-items: center;
    justify-content: space-between;
}

.person-item img {
    width: 200px;
    height: 220px;
    border: 1px solid #eee;
}
```

MEMO

MEMO

MEMO

MEMO

深智數位
股份有限公司

深智數位
股份有限公司